图录

以下 10 页，展列观察篇所介绍的 34 科蕨类代表种类的图绘，只要按页码查索，详读内文，即可大致掌握每一科蕨类的特色，以及其中最具代表性的 35 种蕨类的重要特征与习性。

石松科 垂穗石松（过山龙）➪ 第 94 页

卷柏科 卷柏 ➪ 第 96 页

水韭科 台湾水韭 ➪ 第 98 页

木贼科　木贼 ⇨ 第 100 页

松叶蕨科　松叶蕨 ⇨ 第 102 页

瓶尔小草科　瓶尔小草 ⇨ 第 104 页

合囊蕨科　观音座莲 ⇨ 第 106 页

紫萁科 粗齿紫萁 ➪第 110 页

里白科 芒萁 ➪第 114 页

海金沙科 海金沙 ➪第 112 页

膜蕨科 团扇蕨 ➪第 116 页

桫椤科 笔筒树 ⇨ 第 120 页

壳蕨科 金狗毛蕨 ⇨ 第 118 页

瘤足蕨科 华中瘤足蕨 ⇨ 第 124 页

双扇蕨科 双扇蕨 ➪ 第 126 页

碗蕨科 粗毛鳞盖蕨 ➪ 第 130 页

燕尾蕨科 燕尾蕨 ➪ 第 128 页

鳞始蕨科 圆叶鳞始蕨 ➪ 第 134 页

水龙骨科 台湾水龙骨 ➪ 第 140 页

书带蕨科 姬书带蕨 ➪ 第 139 页

凤尾蕨科 凤尾蕨 ➪ 第 136 页

禾叶蕨科　蒿蕨　➪第 144 页

金星蕨科　密毛小毛蕨　➪第 146 页

铁角蕨科　南洋巢蕨　➪第 148 页

乌毛蕨科　东方狗脊蕨　➪第 152 页

骨碎补科 杯状盖骨碎补 ➪第 154 页

肾蕨科 肾蕨 ➪第 158 页

藤蕨科 藤蕨 ➪第 161 页

蹄盖蕨科 菜蕨 ➪第 168 页

萝蔓藤蕨科 海南实蕨 ➪第 162 页

鳞毛蕨科鳞毛蕨亚科 南海鳞毛蕨 ➪第 164 页

鳞毛蕨科三叉蕨亚科 蛇脉三叉蕨 ➪第 166 页

苹科 田字草 ➪ 第 170 页

槐叶苹科 槐叶苹 ➪ 第 172 页

满江红科 满江红 ➪ 第 174 页

如何使用本书

本书是一本认识蕨类的图解书。全书主要分成认识篇、相遇篇、方法篇及观察篇四个部分。认识篇综论蕨类的基本概念；相遇篇探讨蕨类的生长习性以及与环境的关联性，并依海拔高度介绍蕨类的分布情形；方法篇提供依演化脉络所制作的分科检索表，除了提供辨识观察的捷径外，更展示了蕨类演化与分类关系的完整图谱。本书的重点是观察篇，依演化先后顺序将常见的 34 科蕨类一一介绍，并以图解方式呈现代表种类的观察重点，加上四种类型的延伸知识以增进了解的深度。最后的附录则是进行记录、采集与制作标本时的参考原则。

建议读者先阅读认识篇与相遇篇，对蕨类有初步的认识后，再通过方法篇的查索，进入观察篇各章，此时如能配合现场对照，当更能对各科蕨类的特色与该科的代表种类有进一步的了解。

1 先阅读认识篇与相遇篇，了解蕨类的相关背景，并熟悉常用的专有名词。

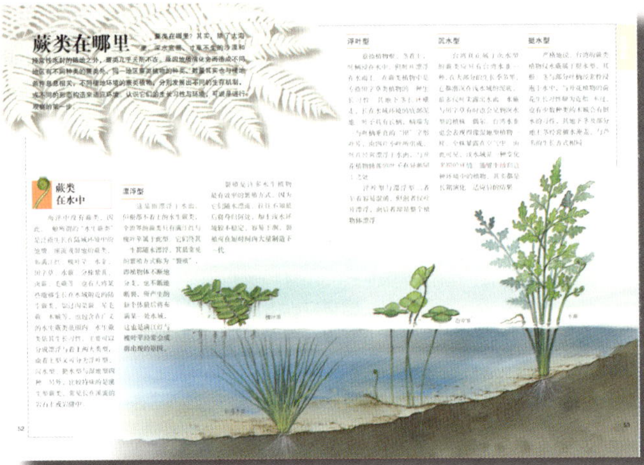

2 依方法篇总表中所提示的判断特征检索到可能的大类，再至分类表进行检索，找到最接近的科（或属、群）。

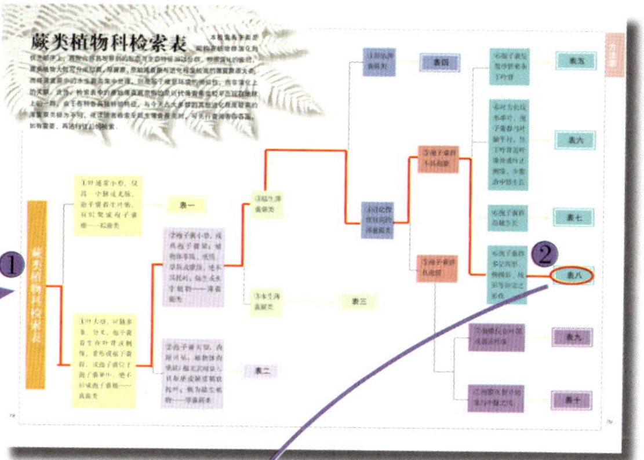

①总表由此处开始

②找到可能的大类

④找到最接近的科（或属、群）

③至分类表进行检索

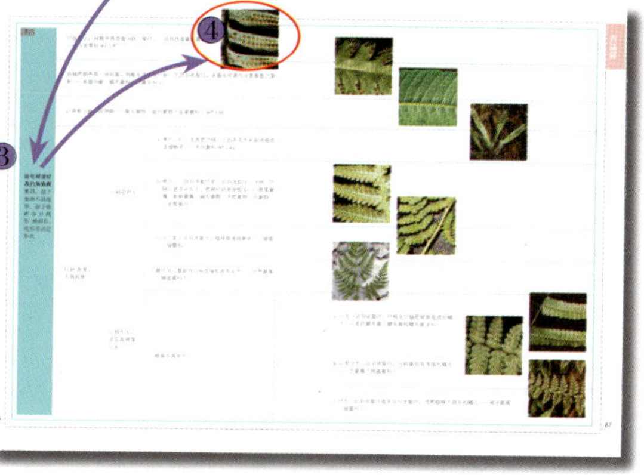

3 至观察篇详细阅读该科的介绍，可同时配合现场的观察。

代表种类前言：选择该科具有代表性的种类，提示其外观、生态与分布等重点。

代表种类的生态图片

科前言：该科主要特征与生态习性的描述。

延伸知识：归纳整理该科各种有趣的背景知识，依性质分成“演化舞台”“生态视窗”“识别锦囊”“蕨类与人”四类。

科档案：归纳整理该科重点资料，包括外观特征、生长习性、地理分布与种数。

代表种类主图：以精密细致的手绘图呈现，并约略带出环境背景。

主图注记：拉线提示观察重点，并搭配局部特征图或线图辅助说明。虚线表示主图描绘角度无法清楚呈现部位的全貌。

认识篇

什么是蕨类？
蕨类有些什么特征？
它的根、茎、叶、孢子囊群……
有哪些有趣的变化？
“世代交替”是什么意思？
蕨类演化的秘密如何破解？
在主流种子植物的世界里，蕨类如何找到生存之道？
本篇从里到外，从古到今，
一一揭开蕨类的神秘面纱，
全面透视蕨类。

什么是蕨类

什么是蕨类？它们和我们一般看到的其他绿色植物有什么区别？有人说，当你走到野外，只要看到有植物举着大大的问号问你：“我是谁？”不妨大胆地说：“你就是蕨类！”因为如问号般、卷旋状的幼叶，正是大多数蕨类的重要特征之一！

蕨类的特征

蕨类是一群具有维管束的孢子植物，由于没有花、果实和种子，在生存竞争的条件上显得较种子植物逊色，因此在植物演化的主角——森林中，只能屈居配角，躲在种子植物的身影下，寻找生命的出路。

蕨类通常都利用孢子囊所产生的孢子来繁殖后代，而且在世代交替的过程中，孢子体和配子体各自独立生活。由于生存不易，在保护及传播孢子的机制上便演化出极为多样的形态特征与构造。以下就是蕨类最重要的四项特征。

特征一 幼叶呈卷旋状

无论到世界任何一个地方，只要看到幼叶呈卷旋状者，百分之百可以肯定它是蕨类！全世界没有其他植物的幼叶呈卷旋状。不过，蕨类植物中也有少数种类不具有此项特征，例如瓶尔小草和水生蕨类槐叶苹、满江红，以及原始的小叶类，如石松、卷柏等，此时就须靠其他特征来辅助辨识了。

特征二

没有花、果实、种子，以叶子为主体

蕨类不开花，也没有果实和种子，而且一般也没有明显的干（茎），所以整个植株最显著的部分就是它的叶子。与其他的植物相比，蕨类的叶子通常比较大，这是为了要在森林中主流植物的阴影下“捕捉”到较多阳光之故。蕨类的叶子有各式各样的分裂方式，不过它分裂的小叶一般都排在同一个平面上。

特征三

成熟的叶子背面可见孢子囊群

孢子是蕨类主要的繁殖及传播工具，与高等植物的种子极为不同，它只有一个细胞大小，肉眼无法看见，一般是以 64 颗为一群藏在孢子囊中，而孢子囊成群集结后形成孢子囊群，其外形与保护装置的形态，是辨别各类群蕨类的重要依据。通常孢子囊群位于蕨类成熟叶子的叶背，但有少部分种类的孢子囊并不集结成孢子囊群，形体一般也比较大，长在叶腋或孢子囊穗中。

特征四

具有世代交替的一生

许多植物都具有有性和无性两个世代，但是种子植物是有性世代（配子体）寄生在无性世代（孢子体）上，苔藓植物是无性世代（孢子体）寄生在有性世代(配子体)上，唯有蕨类是无性世代（孢子体）、有性世代（配子体）各自独立生活，它的一生是两个世代交互轮替的过程。

蕨类的定位

认识蕨类的特征后，接着可以进一步来了解它在植物世界中的定位。

在芸芸众生中，有一群生物靠着光合作用，可以将太阳光的能量转变成生物可运用的能量形式，以提供本身与其他生物的生长需要，这群生物就是我们所说的“绿色植物”。绿色植物除了水生的藻类之外，还有陆生的苔藓、蕨类和种子植物。其中苔藓植物不具有维管束组织，而蕨类和种子植物则都具有维管束组织。

根据研究，陆生绿色植物的演化是源自类似海藻的生物，它们在体内逐渐发展出具有输送养分、水分及支撑功能的各种细胞，这些细胞相互串联即形成维管束，加上表皮组织以及繁殖器官的保护措施，使得植物得以在陆地生活，后来再逐渐演变形成高大的林木，这些最早登陆的维管束植物就是蕨类植物的祖先。

前述的情形大约发生在4亿多年前，而在植物大举上陆之时，另一个演化的旁支则形成早期原始的苔藓植物。苔藓类并没有维管束，因此和蕨类只有间接的亲缘关系，反倒是早期的化石证据显示，后来的种子植物和早期较原始的蕨类植物有较直接的血缘关联。

蕨类、苔藓类和种子植物三类陆生绿色植物的差别：蕨类和种子植物都具有

维管束，孢子体也非常明显，不过种子植物具有种子，有的甚至会开花及结果，且通常具有挺空的茎枝，其配子体仅剩数个细胞，寄生在孢子体上面；而蕨类植物的孢子体和配子体则是各自独立生活，配子体小如小指指甲般，甚至更小，虽然不明显，但肉眼可见；苔藓植物则是以配子体为主要表现型，其孢子体寄生在配子体之上，因为植物体内不具维管束，所以苔藓植物离不开潮湿的环境，也不会长高。

仔仔细细看蕨类

蕨类基本上可分成两群，第一群是与3亿多年前的古石松、古木贼有关的拟蕨类，这群蕨类至今仍保留“以茎为主体”的特色，叶子一般都很小，所以又称为小叶类。另一群是真蕨类，大多是两亿年前之后才演化出来，它们和拟蕨类刚好相反，叶子较大，茎通常不明显，因此又称为大叶类。拟蕨类由于类群数量不多，且特色分明，所以较容易区分。真蕨类则因族群庞大，外观变化繁复，辨识难度较高，相对趣味性也倍增。本章即以真蕨的外观构造为探讨重点。

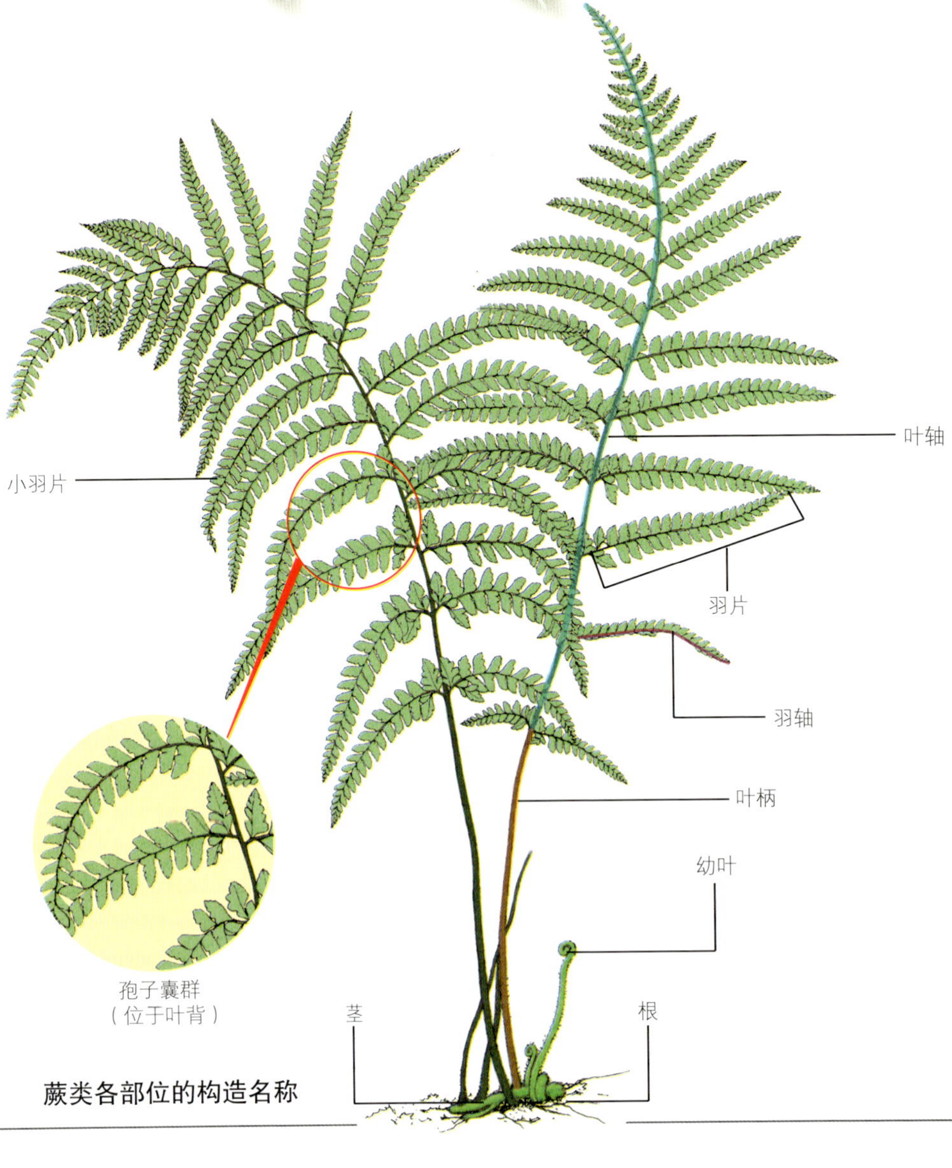

蕨类各部位的构造名称

各式各样的根

一般人大概不会去注意蕨类的根，因为都长在地下，不过在野外倒是可以留意某些蕨类的根偶尔会露出地表。大部分蕨类的根都呈细丝状，但有三群蕨类的根较粗大，状似兰花根，即合囊蕨科、瓶尔小草科及凤尾蕨科的卤蕨。合囊蕨科及卤蕨的根经常会露出地表，而瓶尔小草科的根则通常都深埋于地底。

●合囊蕨科的观音座莲具有粗大的根，这是一般蕨类中少见的现象。

各式各样的茎

真蕨类的茎一般而言都不显著，树蕨类具有挺空的直立茎是少数的例外。真蕨类中最常见的茎为横走茎和斜生茎，尤其后者为蕨类植物的特色之一，因为在其他植物身上很少见；次常见者为短直立茎，而攀缘茎、悬空茎及缠绕茎则比较少看到。所以蕨类的茎可分成挺空的直立茎、短直立茎、斜生茎、横走茎、攀缘茎、缠绕茎及悬空茎等七种类型。

挺空直立茎

有少数的蕨类具有如种子植物般的挺空直立茎，但不同的是它们通常不分叉，也因为没有形成层，所以茎不会加粗，也不会形成年轮，当然更无法借助年轮去测知年龄。具有明显挺空直立茎的蕨类植物，通常称为“树蕨”，例如桫椤科的笔筒树、南洋桫椤、台湾桫椤、鬼桫椤、兰屿桫椤，以及乌毛蕨科的假桫椤、苏铁蕨等。还有一些类群，在植株年龄较大时，也可以看到挺空直立茎的存在，例如蹄盖蕨科的过沟菜蕨、雾社双盖蕨等。

短直立茎

短直立茎也是属于直立茎的一种，只是不挺空而已，但是具有挺空直立茎的蕨类其幼小时亦为短直立茎。具有短直立茎的种类包括大部分瘤足蕨科的蕨类、水蕨、肾蕨等，而居家附近常见的野小毛蕨也具有短直立茎。值得注意的是，凡具有短直立茎的蕨类，叶子都是丛生，然而叶丛生的蕨类却不一定都具有短直立茎。

斜生茎

斜生茎又称亚直立茎，外观像是会斜向上生长、节间极短的匍匐茎，又有点像倾斜生长的直立茎，叶子呈丛生状，但比短直立茎的丛生叶蓬松。许多地生型的蕨类，尤其是较高等的蕨类，都具有斜生茎，如多数鳞毛蕨科的蕨类。

横走茎

横走茎是蕨类中十分常见的一种茎，有长横走茎及短横走茎之分。长横走茎又可区分为长在生物表面的匍匐茎，与长在地表下的地下茎。它们的共同特点是，叶子不会呈喷泉般的丛生状，这是短直立茎及斜生茎蕨类叶子的生长方式，具有横走茎的蕨类其叶子彼此之间会有一点距离，所以常呈现散生的状态。

长横走茎的蕨类叶子长得就像孟宗竹 样；而短横走茎的蕨类叶子互相之间就靠得比较近，乍看之下有些像小型的绿竹丛。例如里

各种蕨类的茎

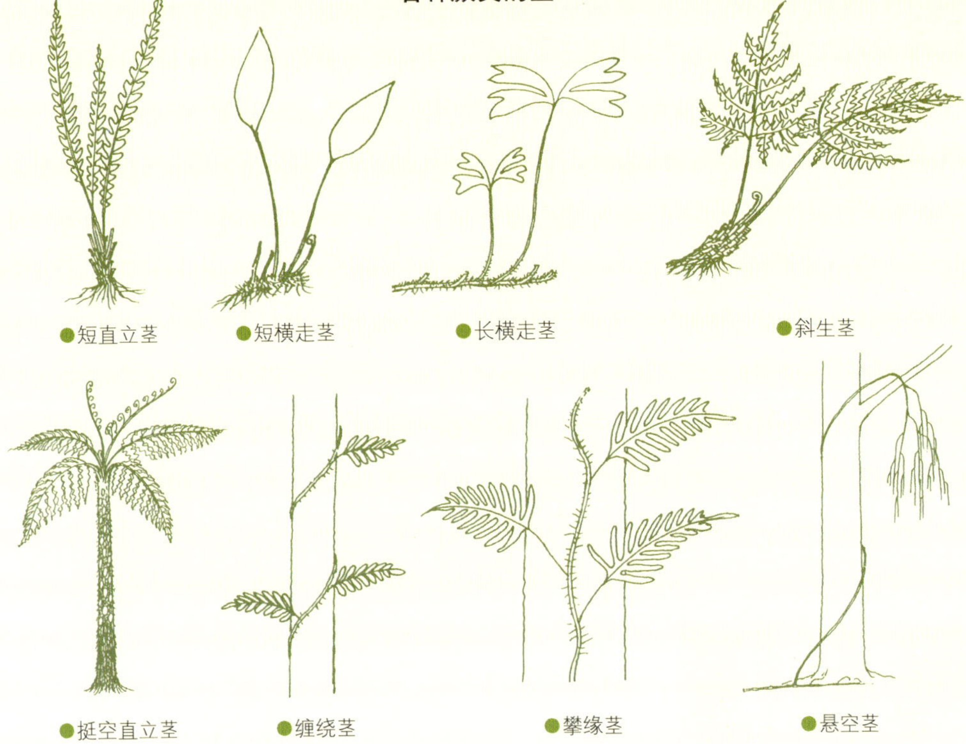

白科蕨类具有长横走状的地下茎；许多附生型的水龙骨科及骨碎补科蕨类具有长横走状的匍匐茎；而短横走茎的蕨类则散见于各科，如海金沙、铁线蕨及萝蔓藤蕨科的许多种类等。

攀缘茎及缠绕茎

这两种茎以在热带雨林中的蕨类较常见。由于雨林地表泥泞潮湿，通常蕨类生长靠近树干后，会顺着树干爬升，一方面可以接受较多的阳光，另一方面也可开拓新的空间领域，以脱离根部呼吸困难的环境，而雨林空气潮湿，树干上植物仍可取得足够的水分，因此树干部分的茎有时会逐渐与原本生长在地面的茎脱离，最后形成类似附生植物的生长状况。攀缘鳞始蕨及萝蔓藤蕨是蕨类中攀缘茎的代表，而藤蕨则是缠绕茎的代表。前者常长在树干基部或主茎上，由下往上爬升，但并不环状缠绕主茎；而后者则可爬升至小树的枝条附近，且常呈蔓藤般缠绕现象。

悬空茎

这是蕨类中非常罕见的一种生长方式，其习性类似热带雨林中的木质藤本植物。乍看之下，植株的地上茎似悬挂在半空中，仅末梢的枝条下垂，木贼叶石松是唯一的代表。推测其成因，可能是植物体与它所栖身的森林同时发育所致，也就是说其所依附的植物，目前已长高至树冠层的高度，所以地上茎就呈现悬空的状态，这种特殊的蕨类生长习性，只出现在热带雨林高山多云雾地区。

各式各样的叶

由于近代蕨类的茎通常都半埋于地下，很不显著，加上它没有花、果实和种子，因此露出地表、最引人注意的部分自然只剩叶子了。由于蕨类叶子的分裂形式非常规律，在自然界中的表现方式与其他植物大异其趣，故特有“蕨叶”之称。

真蕨类的叶子是观察时的重点，往往整株植物只看到叶子，以致有些人会将叶轴误认为茎。就叶子实际的尺寸来说，有小如满江红，大小仅约 1cm 者；也有大如笔筒树或观音座莲，长度可达 3m 者，变化相当大。但从外观形态来看，除了一些较特殊的情况外，倒是有些规则可循。

以下就分别从叶形、叶片分裂程度、叶缘的形状、叶脉、叶表主轴沟槽的有无与是否相通等等，来分析真蕨类蕨叶的变化情形。

叶形

蕨叶的外形主要可分为线形、椭圆形、圆形、披针形、卵形及五角形等，例如书带蕨属的种类皆为线形叶子；椭圆线蕨因叶子为椭圆形而得名；团扇蕨的名字源自其叶子有如圆形团扇的外观；披针形和卵形的叶形在真蕨中最常见，尤其前者，像是石苇和莱氏线蕨皆具有披针形的叶形，而细柄双盖蕨和尖叶铁角蕨的叶形则为卵形。

最特别的是五角状叶形，形成的原因主要是由于基部一对羽片，其最下朝下的小羽片特别长，且呈一回羽状分裂，这两片小羽片的外形就像个“八”字，这个特征最常出现在鳞毛蕨属及复叶耳蕨属，凤尾蕨属偶尔亦可见到。

通常在区分“属”以下各种类时，会利用到叶形的特征。

书带蕨的叶为线形，状似禾草。

团扇蕨的名字源自其圆形有如团扇般的叶片外形。

椭圆线蕨是因其叶片外形近似椭圆形而得名。

叶片分裂程度

除了孢子囊群之外，蕨叶的分裂程度是最常用的蕨类辨识特征，在区分同一属内的不同种类时尤其常用。

蕨叶的分裂程度由简而繁可细分为：单叶全缘、二叉分裂的单叶、单叶三裂、掌状分裂的单叶、一回

蕨叶的分裂程度

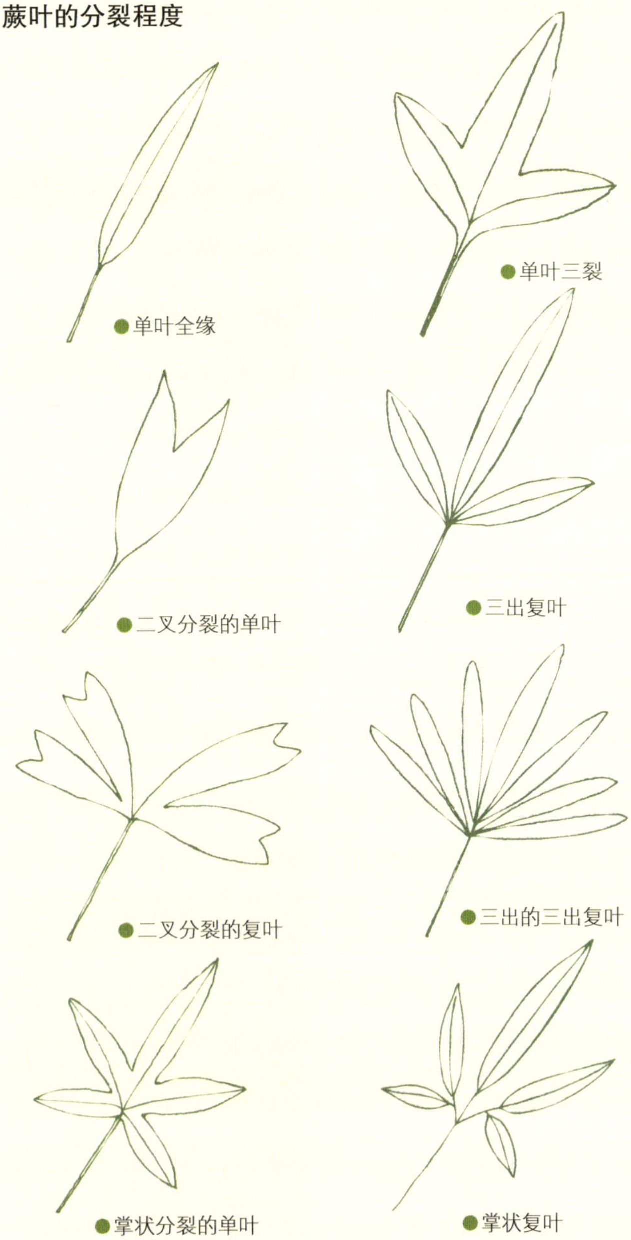

石苇的叶片具有披针形的外貌。

尖叶铁角蕨具有卵形的叶片，其基部数对羽片大略同形。

细叶复叶耳蕨的五角形叶片，其基部羽片最下朝下小羽片特别长。

羽状分裂、一回羽状复叶、二回羽状分裂、二回羽状复叶、三回羽状分裂……依此类推。回数超出四回羽状分裂的，可笼统合称为多回羽状分裂或复叶。此外，分裂又可依裂入的程度，分成浅裂、中裂与深裂。

复叶类的蕨叶除了前述的羽状复叶占大宗之外，尚有较少见的三出复叶，如锡兰七指蕨；掌状复叶，如瓦氏凤尾蕨；二叉分裂的复叶，如分枝莎草蕨、扇叶铁线蕨、双扇蕨等。

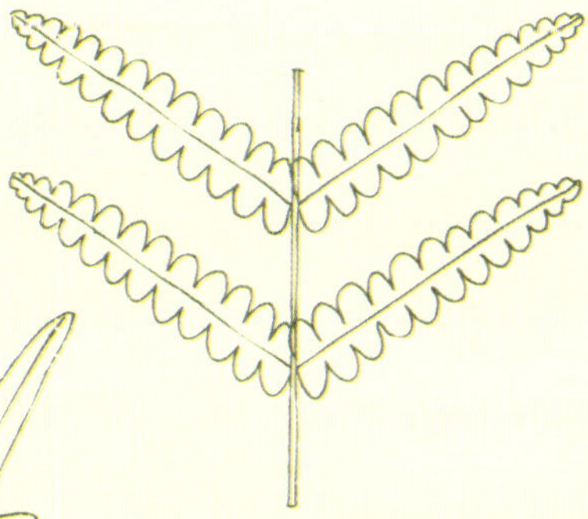
二回羽状分裂

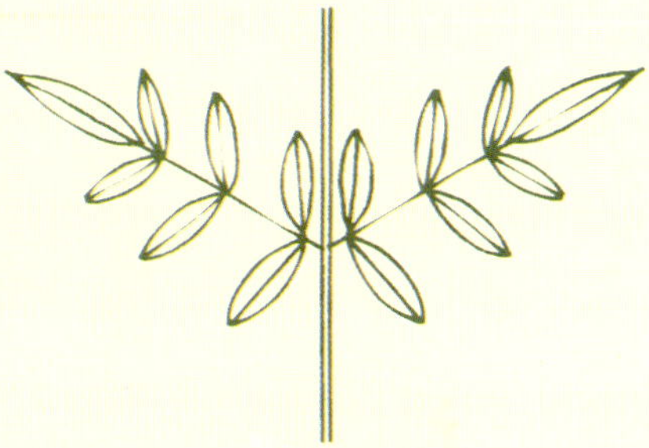
二回羽状复叶

一回羽状分裂

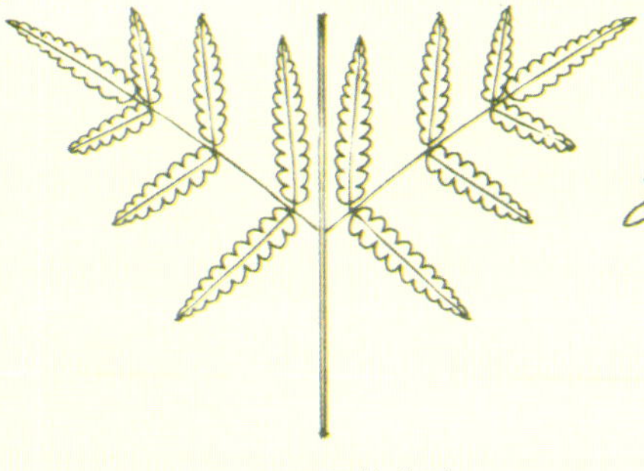
三回羽状分裂

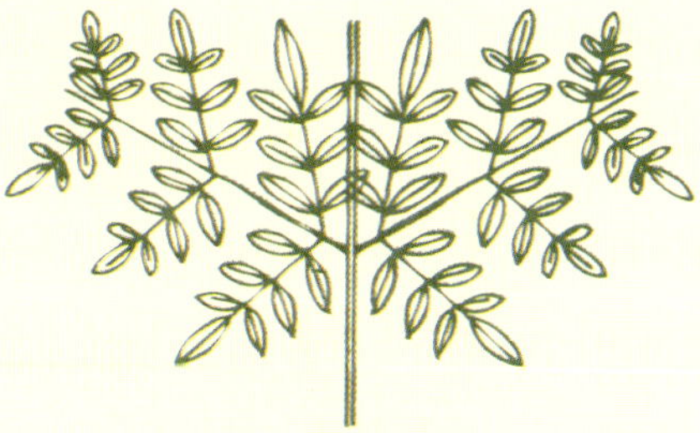
三回羽状复叶

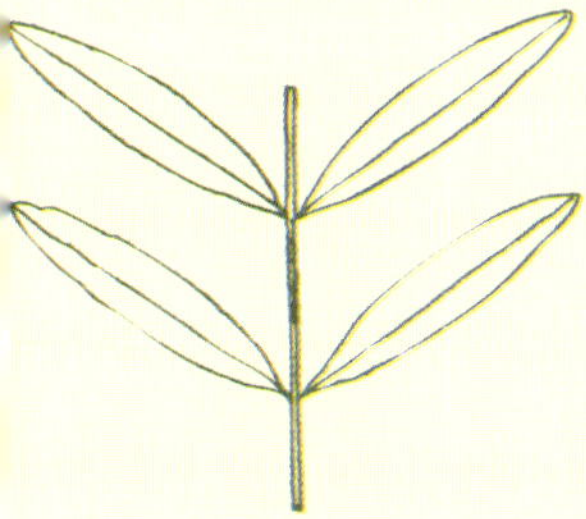
一回羽状复叶

四回羽状分裂

四回羽状复叶

叶缘的形状

蕨类的叶缘有时也可以当作区分种类的重要依据，一般可以简略地分为全缘、钝锯齿缘、锐锯齿缘、复锯齿缘以及芒刺状叶缘等五种。而锐锯齿缘有时依锯齿的大小，又可分为粗锯齿缘与细锯齿缘。

有的种类甚至具有软骨质的叶缘，这是水龙骨科苐蕨属的特征，少数的耳蕨属植物也具有类似特征。芒刺状叶缘通常是用来辨识耳蕨及复叶耳蕨属植物，这两属的蕨类叶子多为亮革质，再加上芒刺状叶缘，可以很容易和其他蕨类区分。至于其他数种类型的叶缘则普遍散见于蕨类各分类群。

●有刺凤尾蕨的裂片边缘为全缘。

●钝齿铁角蕨名字的由来即因其羽片边缘具钝锯齿。

●细裂蹄盖蕨的裂片边缘为粗锯齿状。

●大叶凤尾蕨的羽片具有细锯齿状边缘。

●复齿铁角蕨即因其羽片边缘具复锯齿而得名。

●斜方复叶耳蕨小羽片边缘具芒刺状锐齿。

●三叶苐蕨具软骨边，且其于二相邻侧脉间具缺刻。

特殊的蕨叶

真蕨类植物中，一些种类具有比较特别的蕨叶，不容易由前述的叶形与叶片分裂程度加以归类，例如满江红（见第174页）的叶子裂成上下二片；槐叶苹（见第172页）的叶子三片轮生，沉水的一片叶子还变成须根状；田字草（见第170页）则是由一根长柄顶着四片小叶子，状如酢浆草；海金沙（见第112页）的叶子也极为特殊，其叶轴可以无限生长，形成蔓藤状，并借着其他植物体向上爬升；里白科（见第114页）的蕨叶其主轴顶端有休眠芽，促使整个叶片形成二分叉或多回二分叉的外形；而膜蕨科的盾形单叶假脉蕨则具有盾状着生的单叶。另外，槲蕨（见第143页）的腐殖质收集叶也极为特殊。如仔细分析这些具有特殊叶形的真蕨类，可以发现它们大多属于水生型或是较原始的薄囊蕨类，有不少都是2亿年前蕨类第三次大生长时所遗留下来的。

叶脉

真蕨的叶脉依功能主要分为两大类，一类是真脉，另一类称为假脉。

真脉指的是最终会与叶子主轴互相连结的脉，除了支撑的功能外，主要是可以运送水分及养分，就如同人类的微血管一般。而假脉则是位于真脉之间，各自独立，与真脉不相连结的另一种脉，它无法输送水分及养分，有人认为它的功能就像伞的支架一样，只是为了协助支撑。具有假脉的蕨类包括部分膜蕨科、观音座莲属及凤尾蕨属的植物。

蕨类的真脉如依形状可分为末端不连结的“游离脉”，以及至少部分连结的“连结脉”。后者依其连结的形态还可分成“弧脉”“小毛蕨脉”（见第147页）“实蕨脉”（见第163页）及“网状脉”等。

其实游离脉与网状脉还有许多种变化，例如游离脉中有一类型称为“拟肋毛蕨脉型”，它最特殊的地方即是属于同一末裂片的小脉，其最基部的小脉不是出自该末裂片的中脉，而是出自羽轴。而网状脉则又可分成两种，一种在网眼中空无一物，另一种于网眼中尚可见游离小脉。

薄叶三叉蕨在羽轴两侧各具一排弧脉。

海南实蕨在羽轴两侧亦具有弧脉，弧脉上尚可见向外延伸的小脉。

阿里山水龙骨其网状脉的网眼中具有游离小脉。

东方狗脊蕨其网状脉的网眼有大小眼之分，且其中不见小脉。

过沟菜蕨属于双盖蕨属菜蕨群，该群是除了金星蕨科以外，少数具有小毛蕨脉型的一群蕨类。

三叉蕨属拟肋毛蕨类特有的拟肋毛蕨脉型。

粗齿紫萁具有游离脉，每一组小脉均呈不等边二叉分支的现象。

叶表主轴的沟槽

叶的主轴一般指的是叶轴及羽轴。在比较高等的真蕨类，例如蹄盖蕨科、鳞毛蕨亚科、三叉蕨亚科、金星蕨科等类群，由于物种非常庞杂，形态特征变化相当大，常无法仅以单一特征，如孢子囊群及孢膜的外形，来区分科或亚科，有时必须以叶表主轴是否有沟槽作为区分类群的辅助特征。一般而言，鳞毛蕨亚科及蹄盖蕨科其叶表主轴通常都具有沟槽而且彼此互通；而三叉蕨亚科及金星蕨科，叶表主轴有时有沟有时则否，但是叶轴与羽轴如果具有沟槽，彼此也不相通。

●观察蹄盖蕨科植物的叶表面，其羽轴与叶轴均具有沟槽且互通。

●金星蕨科的野小毛蕨叶表可见叶轴与羽轴均具有沟槽，但彼此互不相通。

各式各样的毛与鳞片

有人说，蕨类比起其他类植物似乎多了一些野性与草莽气质，这也许是因为有不少蕨类看起来“毛茸茸”的关系吧！许多蕨类的植株上，包括根茎、叶柄、叶轴、羽轴，甚至叶片，或多或少分布着毛或鳞片，这是蕨类的一种保护构造。

毛与鳞片两者合称为“毛被物”，它们都是表皮细胞的衍生物，因此和维管束没有任何关联。两者都只有单层细胞的厚度，但是毛是仅由一列（甚至一个）细胞所构成，而鳞片则是由二至多列细胞所构成。举例而言，毛就像是人类的头发，而鳞片就好像是头皮屑。毛与鳞片在幼茎的顶端及卷旋的幼叶上最容易发现，具有保护幼嫩组织免于受伤，与保持湿度、温度的功能。

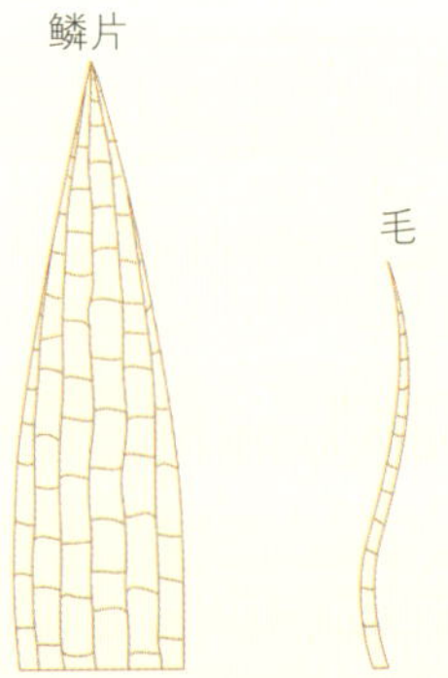

毛与鳞片构造示意图

毛

根茎上有毛是较原始的高等真蕨类的特征。真蕨类的毛通常是多细胞毛，例如著名的金狗毛蕨根茎上的金黄色绵毛；燕尾蕨及碗蕨科的根茎也都具有多细胞毛；而禾叶蕨科的植物体，特别是叶柄，通常可见到射出状紫褐色的多细胞毛。另

●金狗毛蕨的茎与叶柄基部密被金黄色的多细胞毛。

●肋毛蕨叶表羽轴具有多细胞的肋毛，这也是三叉蕨亚科的主要特征。

外，叶表羽轴上有多细胞的肋毛是三叉蕨亚科最主要的特征。比较特殊的是，细叶姬蕨的多细胞毛是具有黏性的腺毛，水龙骨科的石苇属和鹿角蕨属植株具有星状毛。不过要观察这些毛的形态与构造，至少需要10倍以上的放大镜或显微镜协助才行。

细叶姬蕨的叶上具有黏性的多细胞毛。

槭叶石苇其叶两面密布星状毛，在叶背尤其明显。

鳞片

根茎上具有鳞片是较进化的高等真蕨类的特征，一般我们在郊外所见到的蕨类大部分都属此类。有些蕨类根茎上的鳞片属于早落型，如台湾水龙骨和德氏双盖蕨，所以我们看到它们的根茎显得十分光滑。不过，大部分高等真蕨类至少在叶柄基部与茎顶都可看到鳞片；也有少数类群甚至在幼嫩孢子囊群上可见到盾形鳞片，如水龙骨科的瓦苇属植物。

一般而言，蕨类植物的鳞片细胞是不透明的，但是水龙骨科、铁角蕨科和书带蕨科其鳞片细胞的中间却是透明的，且其细胞壁呈不透明的深色，看起来就像是窗格一般，特称为“窗格状鳞片”（见第141页）。

黑鳞耳蕨的叶柄密布黑褐色的大型鳞片，此亦为其名称的由来。

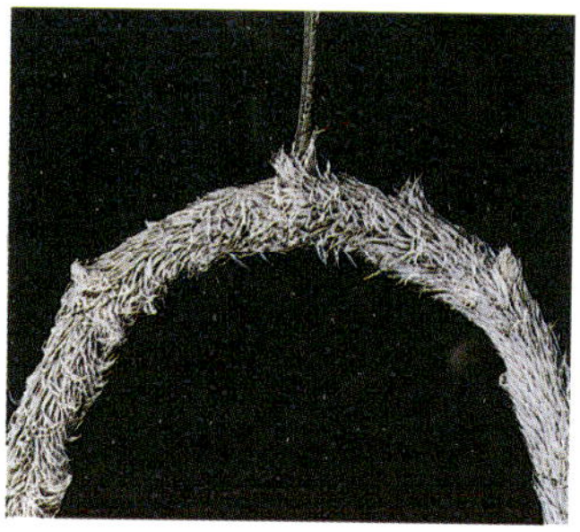

杯状盖骨碎补根茎上密布伏贴的银白色鳞片。

尖叶耳蕨的叶轴及叶柄均密布浅褐色大鳞片。

肢节蕨横走的根茎密被棕色、盾状伏贴的鳞片。

石苇的根茎上及叶柄基部均密被银褐色长披针形鳞片。

各式各样的孢子囊

蕨类植物主要是以孢子传播作为繁殖下一代的手段，而孢子囊是蕨类一生当中唯一可放置孢子的构造。经过数亿年的演化，现今蕨类的孢子囊基本上可分成两类，一类称为厚囊类，一类则为薄囊类。

厚囊类

演化早期出现的蕨类都具有较厚的孢子囊壁，每个孢子囊内的孢子数目较多，可多达数千颗孢子，而且囊壁上没有环带的装置，因此无法将孢子弹射出去，其散播孢子的能力远不及近代的蕨类植物。目前全世界的蕨类植物仅拟蕨类和真蕨类中的厚囊蕨类具有厚壁孢子囊，所以这两群可说是远古蕨类所留存至今的后裔。

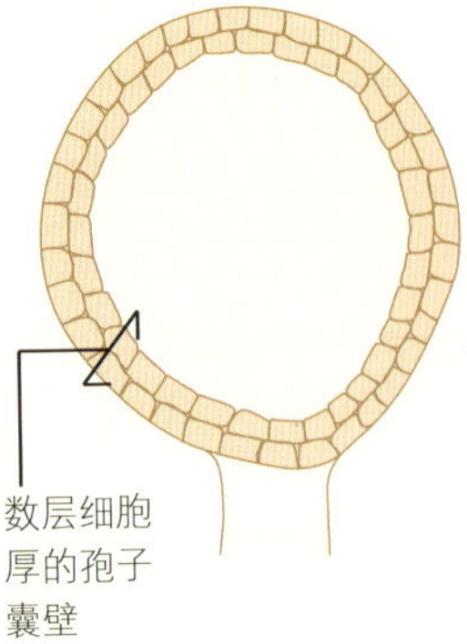

厚壁孢子囊

薄囊类

2亿至1亿年前，种子植物乔木逐渐取代树木状蕨类，使得蕨类植物只能在种子植物森林的缝隙中存活，小型蕨类植物于是应运而生，其放置孢子的设备和传播机制也跟着改变：孢子囊变小了，肉眼亦难看分明；所装的孢子数变少了，每个孢子囊里一般都只有64颗孢子；囊壁也变薄了，但囊壁上演化出各式各样具有弹射功能的环带，可将较少数的孢子弹入空中。目前世界各地的蕨类主要都属薄囊蕨。

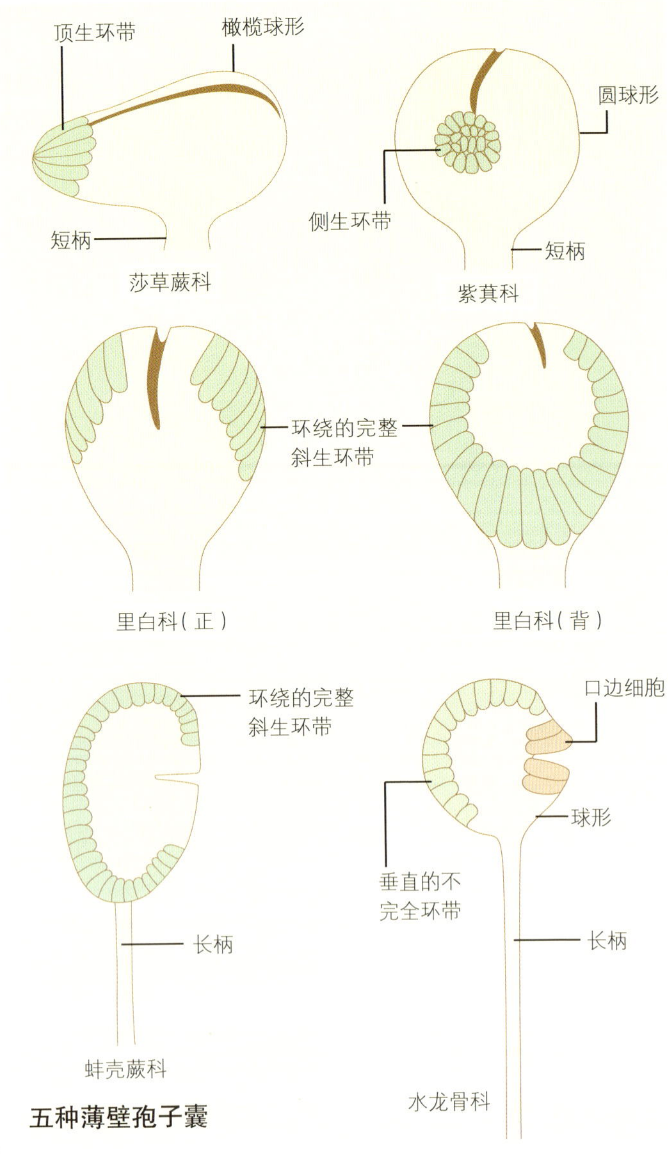

五种薄壁孢子囊

由厚壁孢子囊演化成薄壁孢子囊的过程并非一蹴而就，而是经过许多尝试的阶段。薄囊蕨的孢子囊在演化之初有许多变化，不管是外形或环带细胞的排列方式都大异于后来演化出来的各种薄囊类，例如紫萁科的圆球形孢子囊及侧生环带，莎草蕨科的橄榄球形孢子囊及顶生环带，里白科及膜蕨科的圆形孢子囊及斜生环带等，前述这些科的孢子囊都具短柄。不过，也有一些薄囊蕨类的孢子囊在初期即逐渐演化出长柄的构造，外形与近代薄囊蕨的孢子囊颇近似，不同的是，它们都具有完整环绕孢子囊一圈的斜生环带，这样的构造比较不利于环带的弹射，如蚌壳蕨科、桫椤科、双扇蕨科和燕尾蕨科都属此类。

最后演化出来的孢子囊，也就是目前绝大多数薄囊蕨类所拥有的孢子囊，其囊壁较薄，外观为球形，底下具长柄，且囊壁上具有垂直的不完全环带，不具环带的部分则是一些构造特殊的薄壁细胞，特称“口边细胞”，这种构造有助于孢子囊的开裂，而垂直环带也使得弹射能力更趋完美，可将孢子弹入气流，并飘送到更远的地方。

各式各样的孢子囊群

多数真蕨类的孢子囊小到肉眼都不易得见，自然也无从辨识；倒是由许多颗孢子囊集结形成的孢子囊群，由于不同类群的真蕨类其孢子囊群形状都不相同，反而成为辨识的重要特征。

真蕨类的孢子囊群在幼嫩时，有些类群可以清楚看到具有孢膜的保护构造，也有某些类群终其一生没有孢膜保护。孢子囊群有无孢膜保护，以及孢子囊群或孢膜的形状如何，是区分真蕨各类群非常重要的辨识特征。

不具孢膜的孢子囊群

真蕨类不具孢膜的孢子囊群有：全面散生叶背，呈散沙状者，如萝蔓藤蕨科及燕尾蕨科；具有圆形或长形等固定形状者，如水龙骨科、禾叶蕨科大部分种类都是如此；也有沿脉生长者，如凤丫蕨、泽泻蕨及车前蕨。

爪哇舌蕨的孢子囊呈散沙状密布于叶背。

柳叶剑蕨的孢子囊群呈长线形，不具孢膜。

台湾水龙骨的孢子囊群呈圆形，无孢膜保护。

泽泻蕨的孢子囊沿着网状的叶脉生长。

具有孢膜的孢子囊群

真蕨类的孢膜有真孢膜及假孢膜之分，由叶表细胞发展出来的，称为真孢膜；由叶缘反卷进化而形成的，称为假孢膜。例如凤尾蕨、碎米蕨、铁线蕨等就具有假孢膜，其位置都在叶缘，且开口朝内。

真孢膜的位置一般在叶背，如果位置在叶缘，其开口一定朝外，例如鳞始蕨科、骨碎补科及大部分的碗蕨科。真孢膜有多种形状，例如耳蕨属及贯众蕨属的为盾状；大部分金星蕨科及鳞毛蕨科的为圆肾形；蹄盖蕨科的孢膜有马蹄形、J 形、背靠背双盖形、香肠形等多种；铁角蕨科的有线形及长线形；骨碎补科具有管形及肾形孢膜；膜蕨科具有二瓣状及喇叭状孢膜；蚌壳蕨科具有蚌壳状孢膜。而最有趣的则是柄囊蕨的球形孢膜，仅以一丝状物与叶背连接。

●凤尾蕨属的蕨类都具有由叶缘反卷的假孢膜。

●铁线蕨属也具有假孢膜，但小叶片呈扇形，且其中脉不明显。

●马来骨碎补具有肾形孢膜，且孢膜位于小脉顶端。

●蹄盖蕨属常见长形孢膜与 J 形孢膜混生。

●海州骨碎补属于骨碎补科，其孢膜为管形。

●川上氏双盖蕨具有短的、隆起的香肠形孢膜，状似虫卵。

●属于蹄盖蕨科的细柄双盖蕨，其孢膜为长线形，且背靠背形成双盖形。

●巢蕨的孢膜为长线形，长在小脉之一侧。

●膜蕨科团扇蕨的孢膜为喇叭状，内藏孢子囊。

●深山鳞毛蕨具有的圆肾形孢膜，是鳞毛蕨科及金星蕨科的重要特征之一。

●柄囊蕨的孢膜为球形，以一丝状长柄与叶背相连。

●铁角蕨亦具有线形孢膜，与巢蕨的长线形孢膜相比则显得较短。

●膜蕨科的细叶蕗蕨，其孢膜为二瓣状，位于裂片顶端。

●圆形盾状孢膜是耳蕨属及贯众蕨属的专属特征。

●蚌壳蕨科的金狗毛蕨，其蚌壳状的孢膜位于裂片的凹入处。

其他有趣的构造

有些蕨类具有一些特殊的构造，可以帮助它们适应较特殊的生活环境，如关节、不定芽、泌水孔等，这可是它们面对生存竞争的秘密武器喔！

关节

有无关节是植物是否落叶的关键因素。当外在环境产生变化，例如干旱，某些植物体内即出现异于平常的生理现象：可再利用的物质不断被带离叶子，废弃物或有毒物质则不断被累积到叶部；接着在叶柄基部的内部，逐渐形成整层的木栓化圆形细胞，这些细胞有阻断叶与植物体物质交流的功能。最后在叶柄基部形成一个称为“离层”的断层线，叶子即由此脱落，而脱落后留在枝条的断层界面则称为“关节”。

植物产生关节不外乎有几个原因：排除废弃物，减少水分蒸发，降低新陈代谢速率等。而蕨类会落叶，主要原因可能都是为了减少水分蒸发。有落叶机制的蕨类通常还会有其他配套措施，例如：根茎很肥厚，内部贮藏水分及养分；根茎表面有鳞片保护，有的甚至表面具有蜡质层；根茎表层细胞具叶绿体，在落叶后仍可进行光合作用。具有关节的蕨类植物，主要是水龙骨及骨碎补两科成员，此外，岩蕨、羽节蕨、肾蕨与藤蕨等属也有这种特殊构造。

●台湾水龙骨的茎呈粉绿色，其叶子由关节处脱落后，茎仍可行光合作用。

托叶

托叶位于叶子的基部，一般左右各一个，通常也呈叶状，主要功能是保护幼嫩时期的正常叶，待正常叶成熟后，托叶一般即萎凋脱落。

在自然界中，托叶仅出现在大多数双子叶植物与极少数的蕨类植物身上，即厚囊蕨类中的合囊蕨和瓶尔小草两科。这也是厚囊蕨类的共同特征之一。合囊蕨科的成员其叶柄基部有两片厚软骨质、仿如狗耳朵般的托叶，叶子幼小时即卷旋在两片托叶中间，而当叶子老化掉落后，托叶仍然宿存，并随着成熟的过程逐渐木质化。瓶尔小草科的托叶则较不显著，外形为膜质鞘状，位于叶柄基部。

●合囊蕨科的观音座莲的老叶凋萎脱落后，木质化的托叶仍然留存。

不定芽

蕨类植物除了靠孢子繁殖之外，还可以利用不定芽来进行无性生殖。不定芽就像一棵小植物体，虽然形态上不很相似，但却拥有与母株相同的整套遗传物质。不定芽在成长过程中，养分直接由母株供给，成熟后才独立生长，其传播成活率远大于孢子。缺点是没有基因交换的机会。

为什么叫做不定芽呢？因为一般植物的芽不是在枝条顶端，就是在叶腋，不固定长在此二部位的芽即称为不定芽。不同类的植物，芽体的位置并不固定：有的蕨类会在叶表面长满小船状的扁形不定芽，如东方狗脊蕨；有的则在叶轴上长着数个小拳头状的不定芽，如稀子蕨；也有些是从叶的顶端

●稀子蕨的不定芽数量通常不多，呈小拳头状，位于叶表的主轴上。

发育出或大或小的不定芽，不定芽着土之后，生根长叶，发展出新的植株，形成“会走路的蕨类”，如顶芽狗脊蕨、鞭叶铁线蕨、长生铁角蕨、生芽铁角蕨和海南实蕨等。

不定芽除了位于叶表和叶顶端及其附近外，有时也会被发现长在叶轴与羽片交界处，如星毛蕨、傅氏三叉蕨等。而有少数的拟蕨类也会在茎上生长不定芽，例如小杉兰，这是高纬度或高山寒原地区的蕨类适应缺水环境的一种生存策略。

泌水孔

其实许多植物都会有泌水的现象，例如在清晨时刻，我们常可见一些禾草在叶的尖端出现水珠。这是由于夜晚时植物的蒸腾作用会降至最低（有时甚至没有作用）所致。此时，植物体内缺乏因蒸腾作用所产生的引力，然而根部的根压仍会持续将水往上送，因此水分即以液体的形式由泌水孔释出体外，与蒸腾作用以气体的方式由气孔进入大气不同。

泌水孔位在叶缘及叶的顶端，是一个有别于气孔的孔隙。由于泌水孔是以液体的方式释出水分，所以会挟带一些矿物质，日出后水分蒸发，淡色的矿物质就会留在叶表，因此用肉眼即可看到泌水孔的位置。此种现象在肾蕨尤其明显。

辨识拟蕨类

拟蕨类的外观以茎为主体，叶子很小，最多只有一条中脉，有的种类甚至无脉。此外，它们的孢子囊较大，肉眼可见，通常为一颗颗独立出现，绝不形成孢子囊群，其内所含的孢子数较多，长在叶腋处（小叶与茎的交界处）或是形成孢子囊穗。

全世界的拟蕨类现存仅五大类群，即石松、卷柏、水韭、木贼及松叶蕨。这些类群在中国都可看到，各类群的特征都非常显著，只要注意其生长环境（如水生或陆生）、小叶或枝条是否轮生以及小叶的排列方式，即可轻易区分。

石松科 	茎有地上茎及地下茎之分，常呈等边或不等边的二叉分支；小叶仅具单脉，螺旋排列或近十字对生；孢子叶和营养叶有同形或不同形两类，同形种类其孢子叶常集生枝条末端，异形种类其位在枝条末端的孢子叶常进化成松果状的孢子囊穗；孢子囊单一，肾形，着生于叶腋处。
卷柏科 	枝条具背腹性，由正面看，小叶排成四列，中间两排称为中叶，旁边两排称为侧叶；小叶无柄，仅具单脉；孢子囊着生于叶腋处，孢子叶集生于枝条末端形成扁形或四角柱形孢子囊穗。部分种类在直立茎基部或匍匐茎朝地面一侧，具有伸长的无色、无叶的根支体。
水韭科 	茎块状，植株外形如韭菜；小叶丛生，细长线形，仅具单脉；叶由外向内依次为大孢子叶、小孢子叶、孢子囊发育不良的孢子叶、营养叶；孢子囊单生，位于叶基膨大处。
木贼科 	地下茎匍匐，黑色，地上茎直立，绿色；地上茎中空有节，枝条轮生，茎有脊，表面粗糙；小叶轮生，基部愈合成鞘，上部呈齿状，每一齿具一脉；孢子叶伞状，孢子囊多枚，悬吊在伞下，位于伞柄四周，孢子叶在茎顶集生成穗。
松叶蕨科 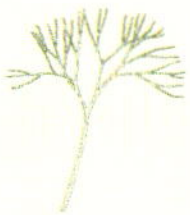	植株不具真正的根，地下茎褐色，为多回二叉分支之横走茎；地上茎绿色，亦为二叉分支，光滑无毛，通常有棱脊；小叶鳞毛状；孢子囊球形，具三突起，位于分叉孢子叶基部。

蕨类的生活史

蕨类的一生可分成两个世代，一个是体积较大、有着双套染色体的孢子体世代；另一个是体积微小，只有单套染色体的配子体世代。二者相互交替的过程称为“世代交替”。拥有世代交替的生活史，是蕨类的重要特征之一。

世代交替的一生

蕨类的孢子体也就是我们一般熟悉的蕨类植物体，包括根、茎、叶、孢子囊群、孢膜等构造。其孢子囊中的孢子母细胞经减数分裂即形成具有单套染色体的孢子。孢子长大后，借助风或水流传布出去，遇到潮湿适宜的环境，即开始萌芽，紧接着细胞不断分裂，最后形成如小指指甲大小的配子体。配子体贴近地面一侧有藏卵器、藏精器及假根，精卵结合后形成具有双套染色体的受精卵（接合子），如此又进入孢子体世代，经过胚胎的阶段，再形成一棵蕨类植物体，如此周而复始。

孢子体世代

蕨类不开花，所以也没有果实及种子，它们是利用孢子传播及繁殖下一代，蕨类的叶背常可见如虫卵状的孢子囊群，是用肉眼轻易可见的构造单位。有的种类的孢子囊群有孢膜保护，孢子囊群由许多个孢子囊集结而成，其基座称为孢子囊托。孢子囊大小如灰尘一般，不太容易用肉眼看到，而每一个孢子囊在正常的情况下会具有64个孢子，这是由于孢子母细胞在行减数分裂的过程中，分裂6次所得到的结果。当然孢子比起孢子囊更不容易用肉眼看到，它们随着风无所不在地散布于各地。

蕨类的孢子较适宜生长在潮湿的环境，一棵蕨类植物所产生的数亿个孢子，可能只有数个能够存活，这是近代蕨类的生存策略之一，将孢子变小，将数量变多，分散风险地将孢子分批释放出去，而且至少在传播的过程中可以脱离水的控制。

配子体世代

真蕨类的配子体通常为心形，在心形尖端常生长着假根。配子体没有维管束，其根与孢子体的根在结构上并不一样，但具有类似的功能。在假根之间可发现圆球形突起的藏精器，而在心形配子体凹入处附近可找到外形似长颈瓶的藏卵器。前述的假根、藏精器、藏卵器都生长在配子体的背面，紧贴地面，如此精子才可利用配子体与地面之间的水膜，游至藏卵器，再由其颈部进入与卵子结合，而这也是为什么蕨类植物通常必须生长在潮湿环境的原因。

精、卵结合之后形成受精卵，受精卵含有两套染色体，一套来自精子而另一套来自卵子，受精卵再经多次细胞分裂即形成小胚胎。高等植物的胚胎外有硬壳保护，甚至硬壳内还有贮存丰富养分的各种组织，以备胚胎发育所需。而蕨类植物则否，这也是种子植物出现在地球之后，蕨类植物从此丧失主流地位的主因。蕨类的胚胎一形成就必须面对外在的环境压力，无法像种子植物的种子一样，可利用休眠等待适当的时机来临。蕨类的胚胎长大以后，就形成我们所熟知的蕨类植物了。

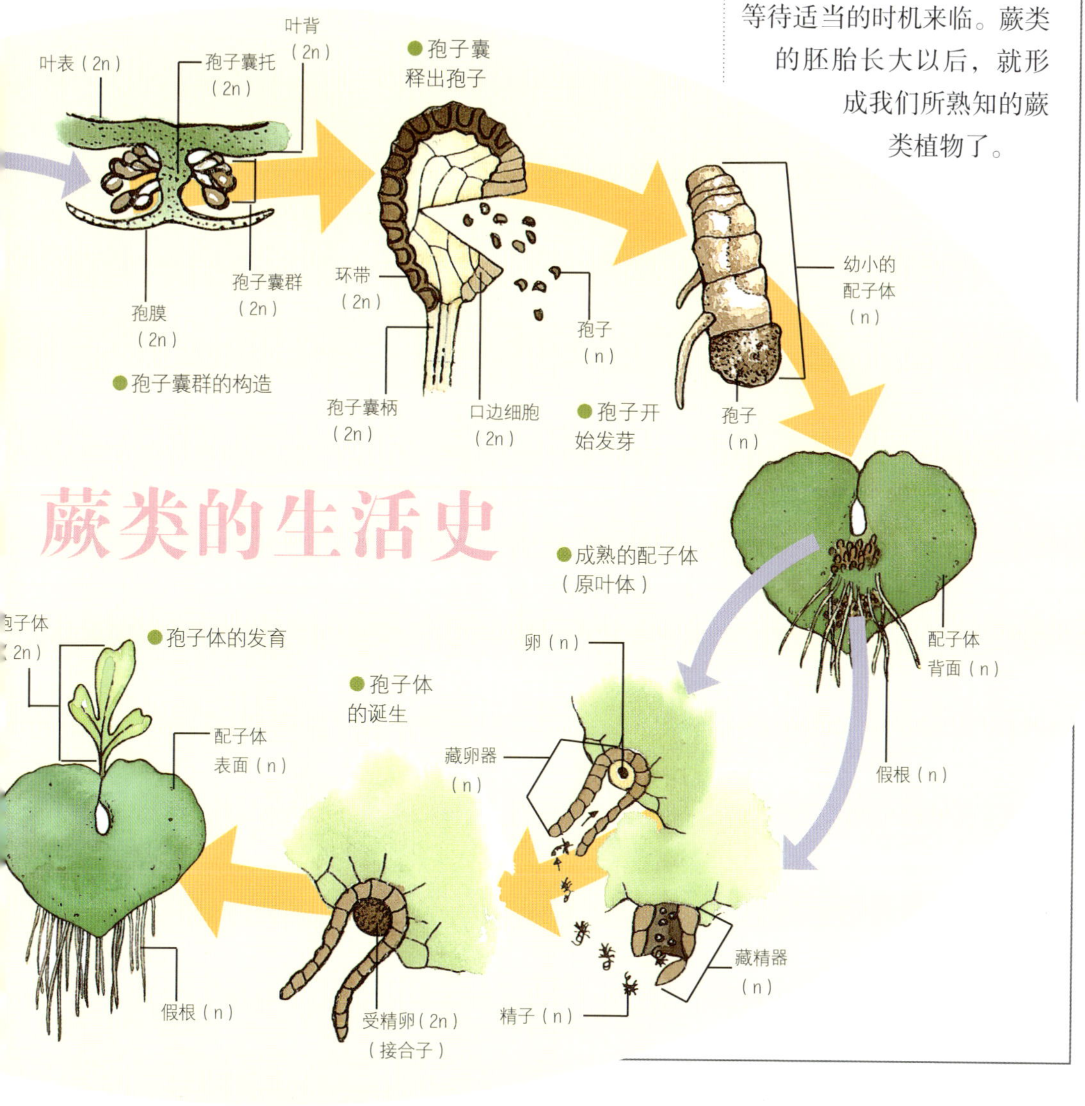

蕨类的演化身世

大约在4亿多年前，地球上演化出树木。也就是说，最原始的森林出现在约4亿年前，生物至此才稍微脱离水的控制。相较于约45亿年之久的地球生命史，这是生物界发展的一大突破，而蕨类，则是4亿至2亿年前森林中最有优势的植物，也就是说，当时的大树绝大多数都是蕨类。究竟这曾与恐龙共舞的蕨类，拥有什么样的演化身世呢？

四波演化高峰

在地球生物30多亿年的发展史上，蕨类曾有过四波的演化高峰，第1波是在约4亿多年前刚上陆的裸蕨类，这些蕨类至今没有存留的后代；第2波是在约3亿多年前，古石松

约4亿多年前（晚志留纪至早泥盆纪）

第1波蕨类大发生

- 陆生植物出现
- 此时植物为裸蕨类，属原始维管束植物，植株都很矮小，仅数厘米至数十厘米，目前已无法找到与它们有血缘关系的后代。

雷尼蕨

三枝蕨

光蕨

工蕨

约3亿多年前（石炭纪）

第2波蕨类大发生

- 以古老拟蕨类为森林的组成树种，林高可达45m。
- 此森林为今天煤炭层的主要来源。
- 当时的木本植物为目前拟蕨类的祖先。

芦木（古木贼类

鳞木
（古石松类）

类及古木贼类的植物形成蕨类森林；第 3 波约在 2 亿多年前，现存厚囊蕨类及原始薄囊蕨类的祖先是当时裸子植物森林下的主要组成分子；第 4 波的蕨类大发生约在 1 亿多年前，伴随着开花植物悄悄上演，现今大部分的科、属都在这 1 亿年内逐渐成形。

维管束植物之祖

根据化石资料显示，大约距今 4 亿多年前即有原始维管束植物，像雷尼蕨、工蕨和三枝蕨等，它们都属于蕨类。这些早已灭绝的最古老蕨类，个体都很矮小，高度约数厘米至数十厘米，至多 1m 左右，构造也十分简单，其生长环境多为沼泽湿地。

到了约 4 亿至 3 亿年前，较古老的拟蕨类植物如

约 2 亿多年前（三叠纪至侏罗纪）

第 3 波蕨类大发生

- 近代厚囊蕨与原始薄囊蕨的祖先出现
- 古石松及古木贼逐渐消失，裸子植物成为森林的主角。
- 蕨类仍为森林地被层主要的地景植物。

蚌壳蕨科

莎草蕨科

桫椤科

里白科

双扇蕨科

封印木
（古石松类）

约 1 亿多年前（白垩纪至早第三纪）

第 4 波蕨类大发生

- 在此之前，地球上的陆地都相连，气候也相当温暖，因此植被并无地区性分化；从此阶段起，因大陆漂移造成气候改变，进而影响植被分化。
- 植被分化造就更多的栖息空间，所有生物开始蓬勃发展，蕨类也不例外。
- 开花植物大量出现，与地被层的蕨类产生竞争。
- 今日所见进化程度较高的薄囊蕨类多在此时出现。

槐叶苹科

满江红科

水龙骨科

鳞皮木
髓木
龙骨芦木
芦木

石炭纪沼泽蕨类森林复原图

古石松及古木贼出现，它们同样也是生活在沼泽湿地环境。古石松高可达 40~50m，茎常直立不分叉，至末梢始多次重复二叉分支，其叶细长，可达 1m，但仅有一条脉；有的分枝顶端还具有松果状的孢子囊穗，有的种类甚至已经发展出挺空的直立气生根，类似今天的美洲落羽松。古木贼高 20~30m，直径约 45cm，虽然是生长在沼泽湿地，但具有如现代竹子般横走的地下茎，所以地面常见成群出现，实际却可能只有一棵而已。古石松是近代石松、卷柏、水韭等蕨类的祖先，而古木贼则是近代木贼的祖先。

全盛时期的舞台

事实上，蕨类植物的全盛时期即是古石松类和古木贼类广布的石炭纪，约在 3 亿 5000 万至 3 亿年前。当时地球上已形成大片的森林，主要是由蕨类植物所构成，其大乔木有许多都是拟蕨类，例如古石松类的鳞木、封印木以及古木贼类的芦木等。它们的树干都很粗大，颇有当今热带雨林的架势。“石炭纪”的名称源自当时地层中含有大量煤炭，而这些煤炭就是这片繁盛的蕨类森林被埋入地层以后，长期受到地球内部高压高热而炭化所形成的产物。

古石松和古木贼到了 2 亿多年前，由于气候的变化而逐渐灭绝。石炭纪之后，属于种子植物的原始裸子植物兴起，取代了高大的古石松和古木贼的地位，而体型较小的真蕨类亦渐成为蕨类植物中较有优势的类群，这是蕨类植物第三波的演化运动。2 亿至 1 亿年前，近代真蕨类的祖先已隐然成形。

江山易主

除了脱离水环境的控制之外，地球生命史上另一个重大突破，就是在 2 亿多年前植物界大量出现种子植物。种子可说是植物的小婴儿，被一个厚厚的硬壳保护。这个装置使得植物最脆弱的幼小生命，可以摆脱恶劣环境因素的干扰，等待适当的时机再破壳而出。其优势远大于单细胞、易受环境因素影响的孢子。

因此，从 2 亿多年前开始，蕨类在森林结构中乔木层的优势地位逐渐被种子植物取代，之后蕨类植物只能在种子植物的隙缝中寻求发展，逐渐变成今天森林结构中的配角。当然，它的形态、外观与高度都与 4 亿至 2 亿年前的祖先截然不同，但在形态结构上仍有相关的蛛丝马迹可供探索。所以说，今天蕨类植物所具有的各种形态、构造以及适应各种环境的生长方式，都是几亿年来演化的结晶。

从演化树看分类

真蕨类在种子植物的林下寻找生命出路之时，森林的层次结构以及其间的生物多样性也开启了多彩多姿的另一页。一般而言，演化都是由简趋繁，不过有时因特殊环境的限制，也会由繁趋简，而且不同的特征，演化速率也不尽相同。因此演化树的构成，是通过许多特征相互比较，从中建构出彼此的亲缘关系，并将之绘制成树状图。前述的特征包含各种形态、化学成分、遗传物质等，甚至地理分布状况也都在分析探讨之列。

后面两页就是蕨类植物可能的演化树，分枝越靠树干基部表示越早出现，所有现生的 34 科蕨类则并列于树枝末端。依演化先后，我们大致可将今天的蕨类先分成拟蕨和真蕨两大群。其中真蕨类又可分成厚囊蕨类与薄囊蕨类，而薄囊蕨类中有数科较原始者合称为原始薄囊蕨，其余就是今日蕨类世界的主流——进化程度较高的薄囊蕨了。对照演化树，可看出蕨类演化的整体脉络。

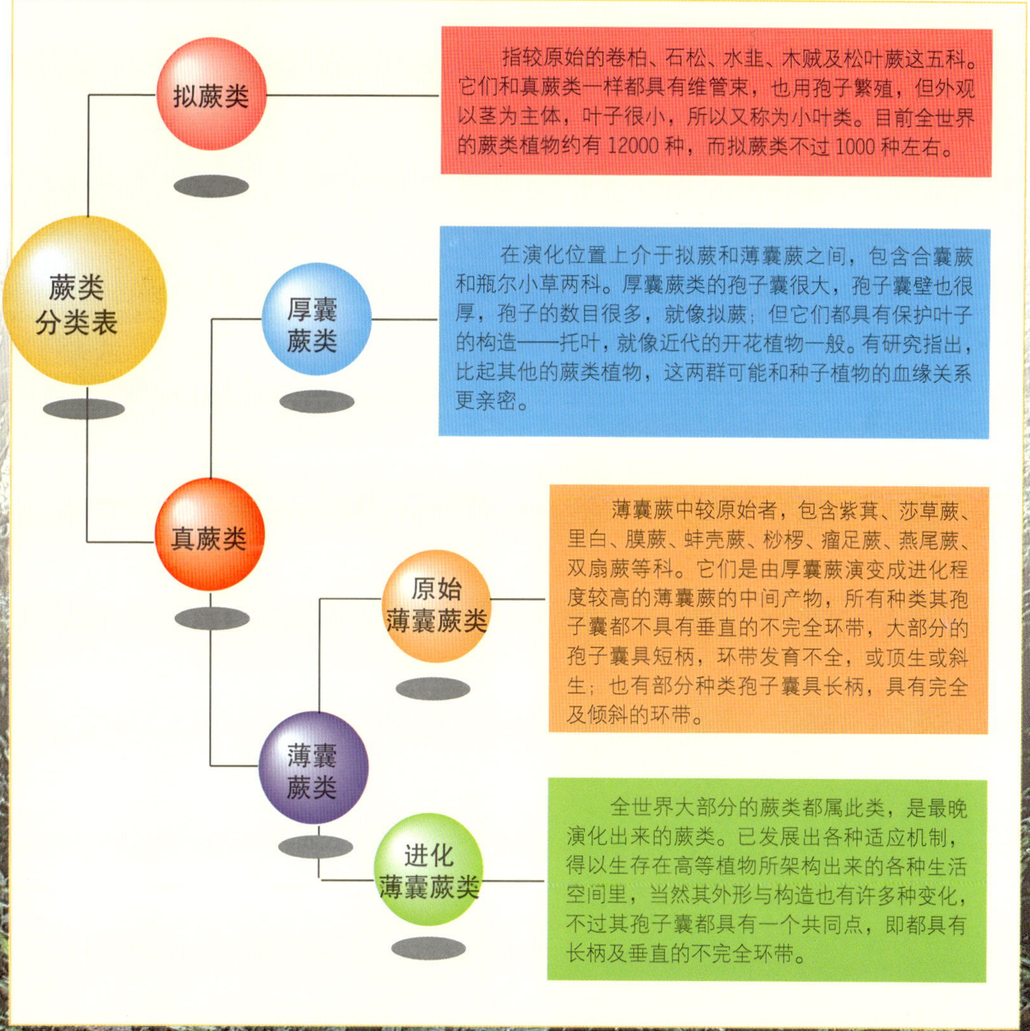

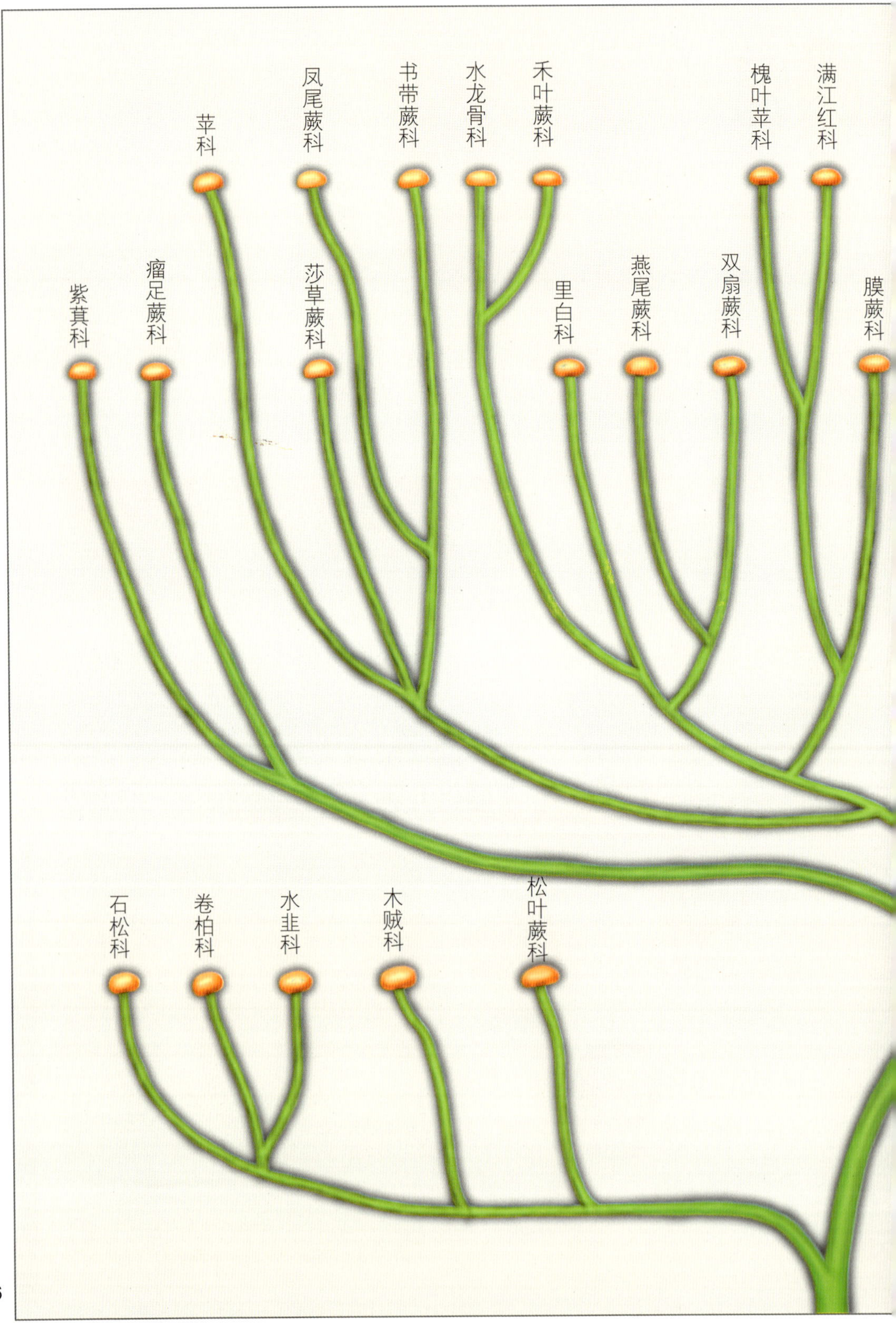
苹科
凤尾蕨科
书带蕨科
水龙骨科
禾叶蕨科
槐叶苹科
满江红科
紫萁科
瘤足蕨科
莎草蕨科
里白科
燕尾蕨科
双扇蕨科
膜蕨科
石松科
卷柏科
水韭科
木贼科
松叶蕨科

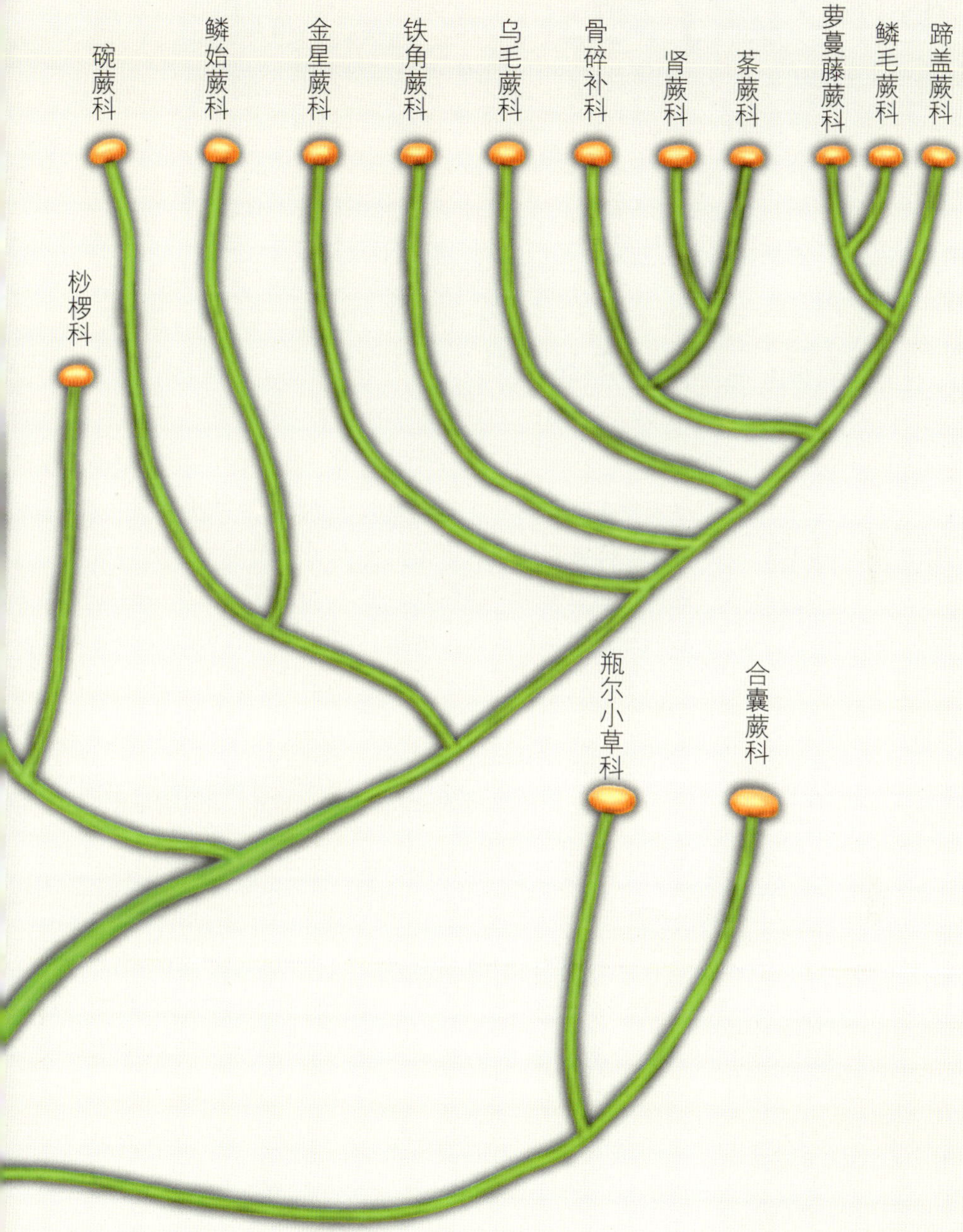
碗蕨科
鳞始蕨科
金星蕨科
铁角蕨科
乌毛蕨科
骨碎补科
肾蕨科
蓧蕨科
萝蔓藤蕨科
鳞毛蕨科
蹄盖蕨科
桫椤科
瓶尔小草科
合囊蕨科

蕨类植物演化树

蕨类的生存绝招

有人认为蕨类是较"低等"的植物，因为它较早出现在地球上，构造较简单，和主流派的种子植物有很大的不同。其实从传播与生存策略的观点来看，许多蕨类都有进化程度相当高的构造及形态特征，而蕨类多样化的生活方式和出神入化的生存机制，更绝非一个"低等"可以概括。在主流环境被占据之后，蕨类植物转向一些比较困厄的环境生活，着生、岩生等生活型相继出现，蕨类对于这些比较干旱的环境，自有一套方法去适应。下面就是各式各样蕨类的生存绝招。

半空拦截型

由于附生植物无法从地上与附着体获得水分及养分，因此必须设法留住从空中落下的雨水、落尘和各种有机物，如落叶、昆虫尸体等，作为生长所需。比如铁角蕨科巢蕨的叶子呈覆瓦状排列。水龙骨科崖姜蕨的叶子沿树干绕圈，都可以利用来承接水分及落叶。而水龙骨科的槲蕨和鹿角蕨更是把这种机制发挥得淋漓尽致，它们进化出一种称为"腐殖质收集叶"的叶子，除了收集树干所流下的养分之外，还可增加湿度及根茎的保水能力，在干旱季节更能让植物的生长点持续保持生命力。

●鹿角蕨具有二叉状的叶子及圆形的腐殖质收集叶。

变脸求生型

有些蕨类植物的上下两面颜色非常不一样，通常表面是深绿色，背面则为各式各样的浅色系，如雪白、发亮的浅绿、银褐色等。它们大多数长在岩壁上，生长条件比一般附生植物更差。环境干旱时，它们就将叶子卷缩，把颜色较浅的叶背朝上翻卷，乍看之下像是变了一张脸，以此方式多少可以反射阳光，减少蒸腾的面积，防止水分散失。例如水龙骨科石韦属、凤尾蕨科粉背蕨类及卷柏科的万年松等植物都有类似的本领。

壮士断腕型

生长在岩石地区或是附生树干的蕨类，或是适应生长在其他干旱地区的蕨类，一般都会在叶与茎的交接处演化出关节的构造，也有在叶柄上或是羽片与叶轴交接处具有关节。关节的功能是蕨类植物面对干旱得以减少水分蒸腾的一种生存策略。它们中有的是叶柄以上全部脱落，如大部分的水龙骨科与骨碎补科成员；有的如苿蕨则是在叶柄中部以上全部脱落；而肾蕨科仅只脱落羽片，常留下枯干的叶轴。

反求诸己型

水龙骨科的台湾水龙骨是全世界极为罕见、具有粉绿色根茎，且终其一生的大部分时间都可用来代替叶子行光合作用的蕨类植物。台湾水龙骨生长于低海拔阔叶林，它的叶子很薄，当环境湿度稍有改变，叶子即迅速脱落，以降低蒸腾的速率，接着它肥胖的根茎平时所累积贮存的水分和养分便可派上用场，提供生存所需。加上粉绿色根茎还可行使光合作用，因此植株似乎也无须急着长出新叶。所以在野外常可看到没有叶子的台湾水龙骨。

而肾蕨科的肾蕨，除了在干旱季节羽片会掉落之外，地下部分还有球状的储水器，可在平时储藏更多的水分，以备不时之需；又如水龙骨科的伏石蕨，外形似肥厚的多肉植物一般，平时即贮存大量的水分，借此度过环境较恶劣的生长期。这两者也是蕨类植物“反求诸己”生存本领的代表。

●具有狭长孢子叶与短胖营养叶的伏石蕨，其质地近似多肉植物，平时即贮存大量水分。

赶搭便车型

铁角蕨科的巢蕨类算是演化得非常成功的一群蕨类植物。它们半空拦截的绝技几乎到了滴水不漏的地步，因此随着植株的成长，基部的腐殖质越积越多，相对地也创造出其他蕨类生存的机会，如许多附生型的书带蕨科和其他铁角蕨科植物都常附生其上，成为它的座上客，分享它的生存资源。

●在低海拔山谷地区的成熟阔叶林，常见附生树上的巢蕨类基部生长着大黑柄铁角蕨及垂叶书带蕨。

在具有热带气息的亚热带山谷潮湿之处，成熟阔叶林内常可看到巢蕨的基部长着下垂的垂叶书带蕨和大黑柄铁角蕨。运气好的话，还可以看到少见的带状瓶尔小草混杂在垂叶书带蕨之中。

油光粉面型

骨碎补科和石苇属、粉背蕨类的生存环境很相近，都是生长在岩石环境或是较干旱地区的树干上。但它们的求生之道却不是“变脸法”。仔细观察骨碎补科的叶子，其上下两面的色差并不大，但叶子显得较一般厚、硬且光亮，这是因为它们的叶表铺着一层角质层，一方面可以反射太阳光，另一方面还可以减缓水分的蒸腾，因此趣称为“油光粉面型”求生法。亚热带地区常见的伏石蕨也具有类似的特征。

●骨碎补科的鳞叶骨碎补偶见于山谷地区的岩石上，叶厚，叶表光滑。

相遇篇

蕨类在哪里？
循着绿色的问号放眼寻找，
蕨类几乎无所不在！
从海边，到高山；
从水中，到陆地，
不同环境有不同的蕨类。
掌握生长习性与生态环境的关联性，
赏蕨的最佳向导就是你！

蕨类在哪里

蕨类在哪里？其实，除了大海里、深水底层、寸草不生的沙漠和经常性冰封的陆地之外，蕨类几乎无所不在。除因地质演化史而造成不同地区有不同种类的蕨类外，同一地区蕨类植物的种类、数量其实也与栖息地条件息息相关，不同栖息地环境的蕨类植物，分别发展出不同的生存机制，或不同的形态构造来适应环境。认识它们的生长习性与环境，可说是进行观察的第一步。

蕨类在水中

海洋中没有蕨类，因此，一般所谓的“水生蕨类”是泛指生长在陆域环境中的池塘、溪流或湿地的蕨类，如满江红、槐叶苹、水韭、田字草、水蕨、分株紫萁、卤蕨、毛蕨等。也有人将某些能够生长在水域附近的陆生蕨类，如菜蕨、星毛蕨、木贼等，也包含在广义的水生蕨类范围内。水生蕨类依其生长习性，主要可以分成漂浮与着土两大类型，而着土型又可分为浮叶型、沉水型、挺水型与湿地型四种。另外，比较特殊的是溪生型蕨类，常见长在溪流的岩石上或岩缝中。

漂浮型

这是指漂浮于水面，但根部不着土的水生蕨类，全世界的蕨类只有满江红与槐叶苹属于此型。它们终其一生都随水漂浮，其最常见的繁殖方式称为“裂殖”，即植物体不断地分支，也不断地断裂，所产生的新个体最后将布满某一处水域，这也是满江红与槐叶苹经常会成群出现的原因。

裂殖是许多水生植物最有效率的繁殖方式，因为它们随水漂流，往往不知最后将身归何处，加上浅水环境较不稳定，容易干涸，裂殖可在短时间内大量制造下一代。

槐叶苹

台湾水韭

浮叶型

意指植物根、茎着土，叶柄浸在水中，但叶片漂浮在水面上。在蕨类植物中是专指田字草类植物的一种生长习性。其地下茎长且横走，长在水域环境的底部泥地。叶子具有长柄，柄端为一与叶柄垂直的“田”字形叶片，由四片小叶所组成，叶片经常漂浮于水面，与开花植物睡莲的叶子有异曲同工之处。

浮叶型与漂浮型二者乍看容易混淆，但前者仅叶片漂浮，而后者却是整个植物体漂浮。

沉水型

台湾真正属于沉水型的蕨类应只有台湾水韭一种，在大部分的生长季节里，它都潜沉在浅水域的泥底，最多仅叶尖露出水面。水蕨与田字草有时也会见到沉水型的植株。偶尔，台湾水韭也会表现得像湿地型植物一样，全株暴露在空气中。由此可见，浅水域是一种变化多端的环境，能够生活在这种环境中的植物，其实都是长期演化、适应后的结果。

挺水型

严格地说，台湾的蕨类植物仅水蕨属于挺水型，其根、茎与部分叶柄经常性浸泡于水中，与开花植物的荷花生长习性颇为近似。不过，也有少数种类的木贼会有挺水的习性，其地下茎及部分地上茎经常被水淹盖，与芦苇的生长方式相同。

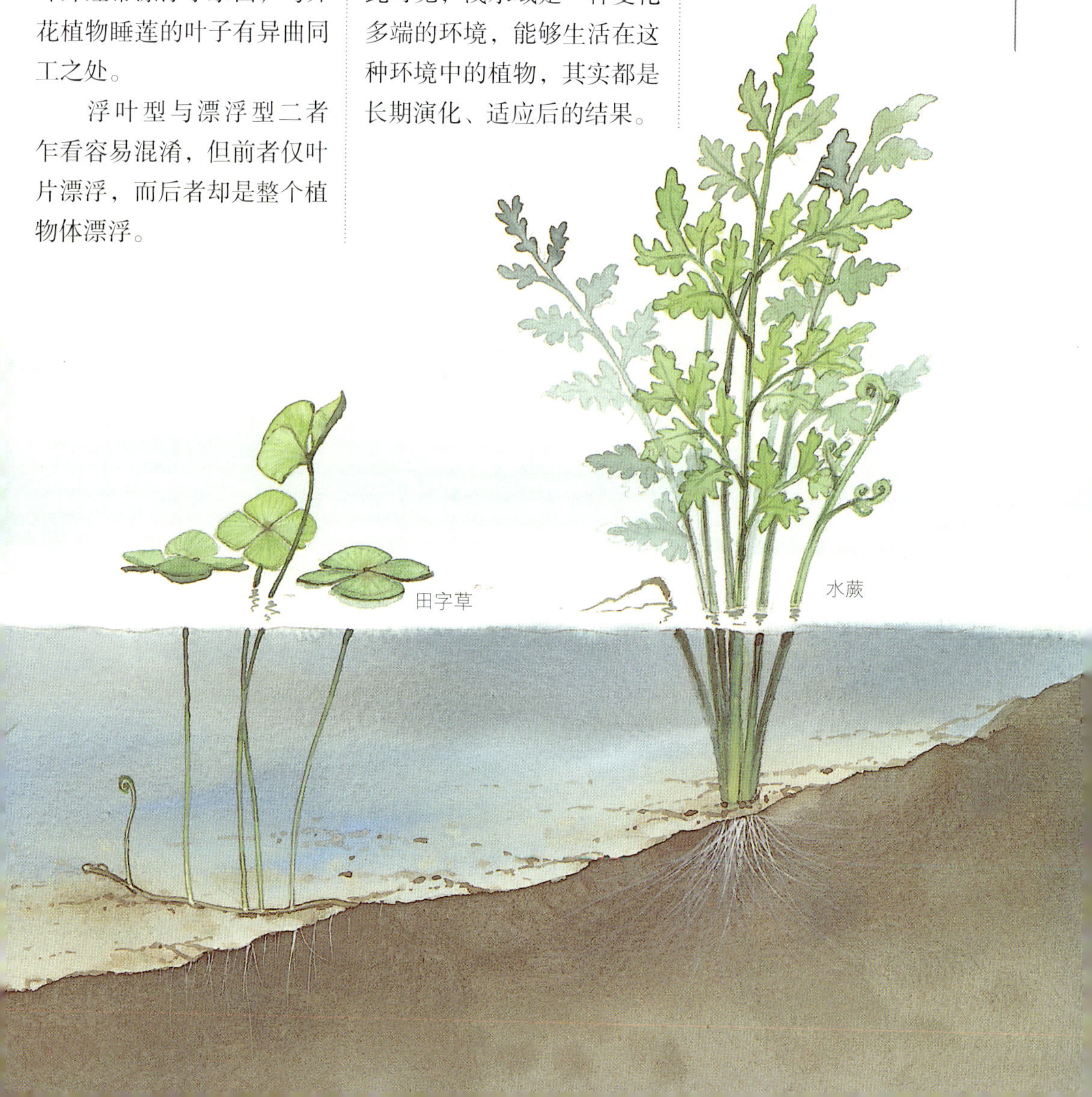

湿地型

有少部分的蕨类，虽然其茎与根等部位需长时间生长在潮湿的土壤里，但植物体却无法长久浸泡水中。所以这些蕨类比较容易在水域边缘被发现，但却无法生存于其他的陆地环境。在水陆环境区隔愈来愈显著的今天，湿地型蕨类的生存空间日益缩小，像卤蕨、分株紫萁和毛蕨就是最好的例子。

分株紫萁是中海拔湿地植物，数量极为稀少。

溪生型蕨类

溪生型蕨类是一群很特殊的植物，它们只出现在热带至暖温带地区山地森林内的溪流环境，生长在溪岸或是常被溪水冲击的岩石上。由于溪生型蕨类是生长在水流速度较快的水域中，因此除了耐湿、耐淹等一般水生植物所具备的特性外，还必须适应水流对植株所产生的冲击。因此这些生活在水线附近的蕨类，植株通常较小，贴伏在水面岩石上，或是叶呈线形或撕裂成具有许多线形裂片的复叶，例如日本鳞始蕨、三叉叶星蕨，以及特殊生态型的乌蕨。溪生型蕨类主要是靠水流进行传播，会随着溪流四处散布繁衍。

日本鳞始蕨是典型的溪生型蕨类，叶小型，常顺着水流的方向贴伏在溪床岩石上生长。

蕨类在陆地

虽然从2亿多年前起，蕨类不再是陆地森林的主角，但它们却十分努力地发展各种不同的生存机制，并积极争取主流森林架构下的各种剩余空间，例如树枝、树干、林下岩石、第二乔木层、灌木层及地被层等。有时也发展到森林外的各种环境，例如箭竹草原、草生地、溪沟边，或是碎石坡、道路边坡等。有的种类甚至如杂草般全然适应了人类居住、开垦的环境。但不论森林内或森林外，陆生蕨类的生长方式不外乎地生型、藤本型、附生型与岩生型四大类。

地生型

根与茎均贴近地表生

具有挺空直立茎的树蕨类，一般被认为是属于比较原始的地生型蕨类。

长，茎通常不显著，将近百分之九十的蕨类都属于此型，例如常见的粗毛鳞盖蕨就是典型的地生型蕨类。一般学者都认为，生活在森林地被层的地生型蕨类比较原始，而藤本、附生、岩生与林外的地生型则是后来才发展出来的生长方式。

比较特殊的地生型蕨类，具有挺空直立茎的树蕨类。一般都认为树蕨类是比较原始的地生型蕨类，种类不多，桫椤科是其代表。

里白是中海拔山区边坡的常见植物，常成群出现。

另一群比较特殊的地生型蕨类则呈现蔓丛状生长的形态，主要是由于地下茎或匍匐茎快速生长的结果。蔓丛状的蕨类并不特别集中在某一科，而是零星出现在数个科，例如碗蕨科的刺柄碗蕨及里白科的芒萁、里白等，而且这些蕨类都生长在开阔地。这显示它们是在演化时各自适应环境发展的结果。

碗蕨科的粗毛鳞盖蕨是低海拔地区常见蕨类，生长在开阔地或森林边缘。

藤本型

藤本型的蕨类植物其实是异质性很高的一群，有的是茎像藤，有的叶像藤，前者如木贼叶石松、萝蔓藤蕨、藤蕨等，后者如海金沙。藤本型的蕨类通常都与热带森林环境有关，有人认为它们是由热带森林地被层的蕨类演变而来的。可能由于地被层植物种类众多，物种及个体之间竞争激烈，加上雨林地被层养分及阳光取得不易，而森林地被层以上的空间虽然条件也不佳，但仍不失为一处可供发展的地方，一些地被层蕨类向上发展而演化成藤本型。所以藤本型的蕨类可说是由地生型转变为附生型的中间阶段。

●木贼叶石松属于藤本型蕨类，具有悬空的直立茎及下垂的末梢。

许多茎呈藤本的蕨类小时候都是地生型，待植株逐渐成熟，再顺着树干攀爬而上，有时形成缠绕的生长态势。植株成熟后，常会与地被层的部分脱离关系，而留在树干上的部分则形成附生的状态。这种由藤本型转变而成的附生植物，则称为半附生植物。

附生型

这是指专门附生的一群蕨类植物，植株从小到大都生长在树干上或岩石上，而后者又特称为岩生型植

●巢蕨长得像鸟巢一般，可承接雨水及空中掉落的有机物质。

●海金沙的叶轴可无限生长，常攀爬在林缘。

●连珠蕨常见其环绕树干，以截取水分及养分。

长生铁角蕨常见长在林下树干或岩石上，有时会形成“走蕨”状。

亨氏拟旱蕨在中海拔地区常被当作岩石环境的指标植物，遇干旱时叶片会由下而上反卷，皱缩成一团。

物。由于这些蕨类都具有特殊的生存机制以适应较恶劣的环境，因此大家公认广义的附生蕨类是进化程度较高的一群，不过本节主要探讨的是狭义的附生植物。

阔叶森林具有不同的层次分化，由上而下依次为：较郁闭的林冠层，较稀疏的第二乔木层，最后则是灌木层与地被层，而后二者的郁闭程度会依不同的森林型而有所不同。由于森林各层次的光照、湿度都不相同，某些蕨类能够适应较高位的森林层次，例如巢蕨、崖姜蕨、连珠蕨、垂叶书带蕨、带状瓶尔小草等，称为高位附生蕨类；有些则较能适应低位的附生环境，如大蓬莱铁角蕨、长生铁角蕨、箭叶铁角蕨等，称为低位附生蕨类。

岩生型

这指专门附生在岩石上的蕨类植物。车前蕨属是在森林环境的林下岩石上，最具代表性的岩生型蕨类；岩蕨则是森林外岩生型蕨类的代表。所谓的岩生型蕨类有专职与非专职之分，车前蕨属与岩蕨都是专职的岩生型蕨类。而有的蕨类则对其生育地的环境要求没有那么严格，如林下某些低位附生的蕨类也会生长在岩石上，这是因为林下低位处（如树干基部）与岩石的水分、湿度、日照及土壤分化程度相差不大的缘故。

车前蕨是典型低海拔潮湿环境的岩生型蕨类。

岩蕨是高海拔针叶林附近空旷地的岩生植物。

暖温带阔叶林的蕨类

陆生蕨类的天堂

前两页所呈现的场景是台湾宜兰县的神秘湖及湖畔的暖温带阔叶林，海拔1000m左右，刚好是该县云雾带的下缘，不仅云雾发达，地面也时时散发着浓重的湿气。这样的环境正适合各种蕨类的生长，包括地生型、藤本型、附生型与岩生型，可说是陆生蕨类的天堂。

树干上我们可以看到阿里山水龙骨、海州骨碎补、福氏马尾杉及巢蕨；林内的朽木及树干基部可见庐山石苇、书带蕨及丛叶铁角蕨；岩石上有倒卵叶车前蕨、箭叶铁角蕨；林下地被则几为蕨类所覆盖，种类有鱼鳞蕨、瘤足蕨、鳞毛蕨、广叶锯齿双盖蕨等；林缘有不少桫椤，可能也可以找到状似木质藤本植物的木贼叶石松；林缘溪沟边有成群出现的瓦氏凤尾蕨；而神秘湖畔湿地则是毛蕨最爱的栖息地，类似的环境偶尔亦可发现分株紫萁。

1 鱼鳞蕨
2 海州骨碎补
3 巢蕨
4 木贼叶石松
5 台湾桫椤
6 瘤足蕨
7 福氏马尾杉
8 瓦氏凤尾蕨
9 广叶锯齿双盖蕨
10 台湾鳞毛蕨
11 书带蕨
12 丛叶铁角蕨
13 箭叶铁角蕨
14 倒卵叶车前蕨
15 庐山石苇
16 毛蕨
17 分株紫萁
18 阿里山水龙骨
19 巢蕨

蕨类的分布

不论是从演化歧异度、物种歧异度或是种类的丰富性等角度去评价，中国台湾都可称得上是蕨类的天堂。除了海洋及其他水域深处外，蕨类已经是我们生活的一部分，甚至熟悉到视而不见的地步。为什么台湾会有这么丰富的蕨类资源呢？拥有优越的环境条件是最主要的原因。

丰富的蕨类资源

全世界的蕨类约有12000种，中国蕨类植物资源丰富，约有2200种，尤其是在台湾，区区36000km^{2}的土地上即超过600种，占全世界百分之五。

和高纬度地区相比：全欧洲约150种，俄罗斯约160种，北美洲约390种；与同经度地区相比：日本约700种，韩国约220种，菲律宾约940种，加里曼丹岛约1000种，马来半岛约500种，澳大利亚则约450种。再思考其种数与面积的比例关系（种密度）可发现，以台湾如此狭小的面积却拥有如此多的蕨种，密度之高，真不愧拥有“蕨类王国”的美称。

此外，蕨类共分成39科，台湾的种类就占了34科，除少数5个较原始的薄囊蕨科外，台湾几乎囊括全世界所有拟蕨类、厚囊蕨类及薄囊蕨类各科，这点显示出台湾的蕨类在演化歧异度上的多样，可说是研究蕨类的最佳天然教室。

优越的环境条件

蕨类的多样性与丰富性主要是源自于环境条件，例如在台湾，年轻的地质史所造成的挤压式山脉，导致产生多样化的蕨类栖息空间；台湾是北回归线所经地区少数会发展出翠绿森林的地方，而森林使得台湾的蕨类有更多的发展机会；台湾的山够高，加上其地理位置，使得台湾的高山拥有北极圈以南的寒、温带环境及其有关的蕨类；热带的环境由南而北进入台湾后，在台湾的北端逐渐消失，所以台湾也有可能生长热带性的蕨类；在过去200万年冰河期，台湾与大陆数次相连，所以一些古老的种源得以进入台湾；台湾高山林立，各山区的蕨类互相隔离的可能性大增，加上台湾海峡的隔离，演化出独特种类的概率也因而增加。

地区	面积（10^4km^2）	蕨类种数	蕨类种密度（种/10^4km^2）
欧洲	1016	150	0.1
俄罗斯	1710	160	0.1
北美洲	2423	390	0.2
日本	38	700	18.4
韩国	10	220	22
中国	963	2200	2.3
菲律宾	30	940	31.3
马来半岛	18	500	27.8
加里曼丹岛	74	1000	13.5
澳大利亚	769	450	0.6

看蕨类去

我国包括了热带、亚热带、暖温带、中温带、寒温带地区。在台湾，低海拔有海岸环境、南部的热带森林与北部的亚热带森林；中海拔有暖温带的阔叶林与中温带的针阔叶混交林；高海拔则有寒温带与亚寒带的针叶林，以及高山寒原环境。整体来说，蕨类的分布与生态环境单位的分布大致吻合。以下即由低海拔到高海拔，依序介绍各生态单位的代表性蕨类。

中温带针阔叶混交林：海拔 1800~2500m 的中温带是针叶林与阔叶林的生态交会带，也是云雾发达的地区，树干上可见附生型的膜蕨科植物为其特色。

高山寒原：位于海拔 3500m 以上地区，此处没有高大的森林，只见灌木丛及碎石坡，环境缺水，土壤发育极差。约有 20 种蕨类生长于此。

热带森林：南部海拔 200m 以下地区是季节性的热带森林，优势的树种不明显，拟肋毛蕨类是其指标；而低海拔溪谷地由南至北皆零碎分布着小片状热带雨林，附生型的带状瓶尔小草是其指标。台湾约有五分之一的蕨类种类分布于热带的生态环境单位。

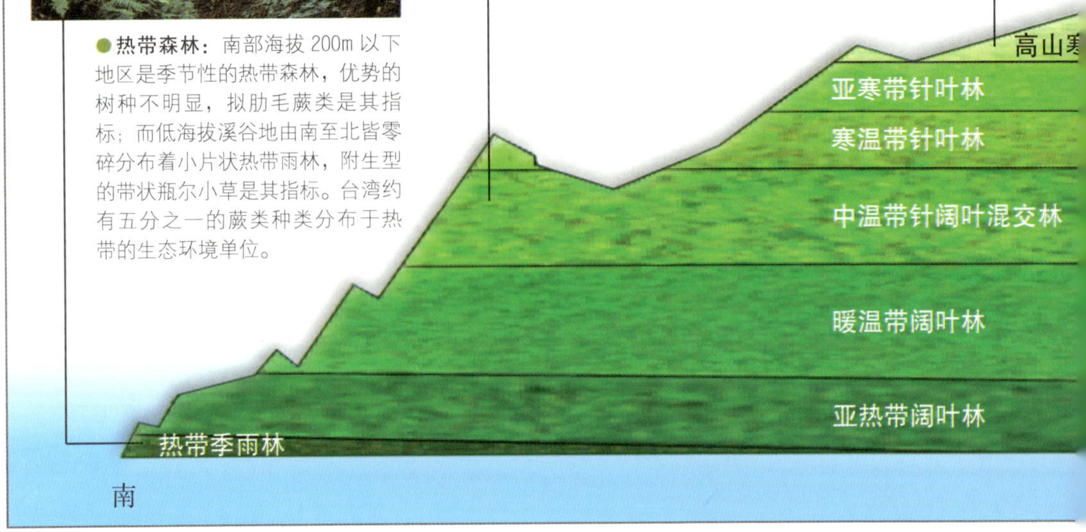

●亚寒带针叶林：分布于海拔3000~3500m，森林由台湾冷杉单一树种所组成，林下有高达3m的玉山箭竹，气候较高山寒原阴冷，蕨类种类也较少。

●寒温带针叶林：分布在海拔2500~3000m，以铁杉林为主，林下可见比人高的玉山箭竹。此海拔高度偶可见高山溪流，比起更高海拔地带，蕨类种类较多。

●暖温带阔叶林：海拔500~2500m的暖温带阔叶林是台湾蕨类的重镇，约有五分之二的种类分布于此，地生型及附生型种类极多。

●亚热带阔叶林：以樟树及楠木为主的亚热带森林，分布在北部海拔500m以下地区，以及南部海拔200~700m一带，笔筒树是其中最具代表性的植物。

●海岸环境：由于海边岩缝阴暗处的渗水及累积较多的有机物与矿物质，因此海边蕨类主要都集中在岩岸环境，例如全缘贯众蕨及傅氏凤尾蕨即为其中代表。

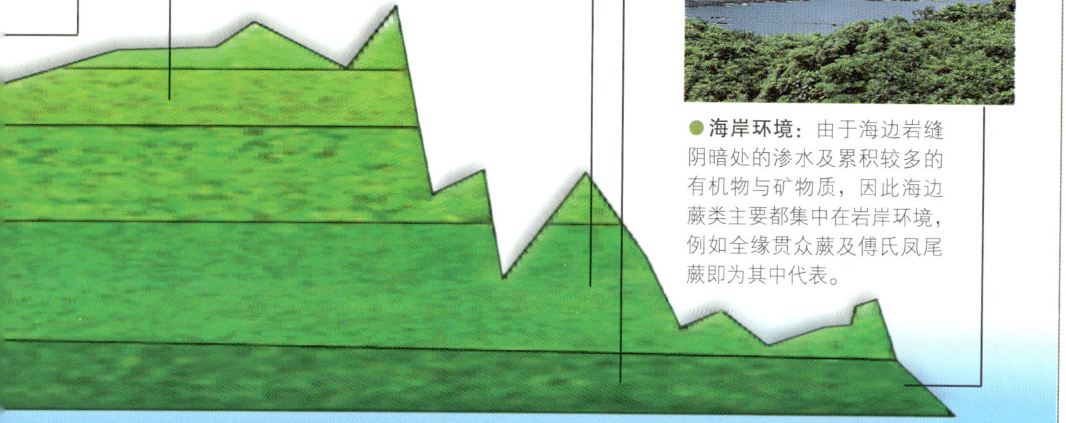

生态带垂直分布图

低海拔地区的蕨类

从平地到海拔 500m 左右的台湾低海拔地区，经过三四百年的开发，已经看不到原始森林，所见的残留林皆为次生林，人工造林地面积也不小。这些地区都还可发现不少种类的蕨类植物，不过数量最多的地方应该是在某些开发不易的微地形环境，例如山沟谷地等。台湾的地形是环境开发的限制因素，但或许也因为地形的关系，台湾低海拔的许多蕨类虽然数量变少了，但种类仍得以保存。

海岸拟芾蕨是典型的海岸植物，常见其长在岩缝或岩石上。

海岸环境与大河出海口

台湾的临海珊瑚礁及沙滩基本上并没有蕨类，海岸的蕨类主要出现在离岸珊瑚礁、岩岸以及海岸林之中。珊瑚礁的代表种为海岸拟芾蕨；岩岸的代表种类较多，有阔片乌蕨、傅氏凤尾蕨、全缘贯众蕨等；海岸林则偶尔可见三叉蕨，例如在垦丁香蕉湾及台北的芝山岩都可发现。这些海岸环境的蕨类通常极耐干旱与盐分，叶多呈厚革质，质地坚硬，根系多在岩缝中发展。

大河出海口的溪口环境则较少为人所注意，因为这些地方在台湾早期的开发过程中几已被严重破坏。卤

岩岸环境的蕨类

热带季雨林

蕨是河口环境的代表性蕨类，19 世纪中叶至末叶，英国人曾发现卤蕨生长在淡水河口一带，不过目前此环境已无卤蕨芳踪。

卤蕨是河口附近小溪边的指标植物，数量稀少。

热带季雨林与热带雨林

由于北回归线横贯台湾，所以南部地区属于热带的气候。虽然其全年的降雨量不输东南亚热带雨林地区，不过南部地区冬季约有四至六个月的旱季，雨量集中在夏天的台风季节，所以只能算是季节性下雨的热带森林，或称为热带季雨林，大约分布在南部海拔 200m 以下地区。不过拜台湾地形起伏之赐，有些山谷地带拥有较潮湿类似热带雨林的环境，此一现象向北延伸至台湾北部，并在南部地区扩散至邻近的热带季雨林。在垦丁一带，由于小山丘是由隆起的珊瑚礁所形成，其蕨类的组成即与兰屿和其他南部地区有所区别。

台湾属于热带性的蕨类至少有 100 种以上，大部分集中在南部地区，如泽泻蕨、突齿蕨、大刺蕨、红柄实蕨等，合囊蕨和兰屿桫椤等则局限在东南方的兰屿。不过也有一些种类向北进入北部地区的溪谷地，例如带状瓶尔小草及一些位于低海拔沟谷地区的热带膜蕨科蕨类，如菲律宾厚叶蕨及线片长筒蕨等。

分布于热带地区的泽泻蕨，在台湾属于稀有蕨类，仅在西南部有零星发现。

兰屿的蕨类

兰屿是较接近菲律宾的一个岛屿，森林属于热带季雨林，局部地区具有热带雨林的条件。由组成的树种观察，其森林与台湾南部的森林大异其趣，蕨类植物也展现同样的趋势，比如兰屿桫椤与兰屿观音座莲属于林下较大型的蕨类，在台湾本岛相同的生态位置则是台湾桫椤与观音座莲；而兰屿森林下层常见的兰屿圆腺蕨，其充满异国风味的外观颇令人印象深刻，而在台湾本岛同样的生态位置则多见台湾圆腺蕨。

●长在森林下层的兰屿桫椤，恍如小型的台湾桫椤，可见较稀疏的树裙。

高位珊瑚礁的蕨类

高位珊瑚礁岩是垦丁地区极为特殊的生态环境，是数万年前由海底隆升形成。迄今礁岩上已满布森林，尤以柿树科的植物如毛柿、黄心柿为其特色，而气生根、树缠石及支柱根的现象更是显著，如今已成为该地区的代表性景观。尽管这种环境的基质主要是尚未发育的石灰岩，保水力较弱，土壤、水分都极缺乏，但仍有一些较耐旱的石灰岩蕨类生长其间，如薄叶三叉蕨、鞭叶铁线蕨、马来铁线蕨、高雄卷柏等，有时也会发现来自海岸珊瑚礁的海岸拟茀蕨。

●高雄卷柏常生长在林下遮阴处的高位珊瑚礁。

亚热带阔叶林

亚热带阔叶林分布在台湾北部海拔500m以下或南部海拔700m以下地区，下缘与海岸及热带植被衔接。这种森林主要的乔木为樟树及楠木，在世界上主要以台湾为分布中心。但由于人为开垦，以及采伐历史悠久，原始森林已不复存在，最常见的则是相思树人工林，以及破坏后天然生成的次生林，局部地区可以看到笔筒树林，此外，亦有不少草生地。

亚热带阔叶林是十分适合蕨类生长的环境，台湾百分之三十左右的蕨类分布于此。它不像雨林那样闷热，季雨林那样干湿分明，也没有高海拔地区的寒冷，可说是蕨类最旺盛的地方，只要

●台湾巢蕨是亚热带成熟阔叶林的指标植物，与其他近似种相较，其孢膜长度较短，且叶背的中脉不具棱脊。

是有土有水的环境，几乎随时都可以看到它们新长出来的个体。这里具代表性的蕨类有异叶卷柏、小叶复叶耳蕨、南海鳞毛蕨和鬼桫椤等。而附生型的台湾巢蕨及崖姜蕨也颇具特色。

南海鳞毛蕨是低海拔岩石环境的指标植物。

平野沼泽湿地的蕨类

台湾低海拔平原地区，在过往或多或少都有沼泽湿地，例如台北盆地、兰阳平原、大高雄地区，甚至广大的嘉南平原。这些沼泽湿地是许多水生蕨类，如槐叶苹、满江红、水蕨、毛蕨、田字草等的原乡。不过平野地区可说是台湾近百年来发展最快速的地方，许多地区都已经都市化，这些在半世纪之前都还很常见的蕨类，及至今日，大部分都变得非常稀有。

毛蕨是中、低海拔沼泽湿地的指标植物，不过近年来已很少见。

笔筒树林

笔筒树虽然也分布在琉球、中国大陆及菲律宾，但全世界数量最多的是在中国台湾的北部地区，主要分布在向阳但潮湿的山坡地。受东北季风影响的多雨山地，笔筒树常成林出现，其意义可与樟树互相呼应，也是北台湾非常具有代表性的一种地理景观。

中海拔地区的蕨类

海拔1000~2000m是中海拔地区，由于台湾地形的复杂性，在局部地区可上升至2500m或下降至500m，其主要的森林概为樟科及壳斗科的林木所盘据，全台百分之四十左右的蕨类分布于此；而于海拔1800~2500m的部分地区则为中温带针阔叶混交林，呈现桧木与樟壳林混杂出现的情况，这种混交林是非常独特的生态环境，也有不少蕨类生活其中。此外，局部出现的山地池沼和松林，也有一些蕨类选择在这两类环境栖息。

●鳞毛蕨是暖温带樟壳林下最常见的蕨类，因此具有指标性。

暖温带阔叶林

海拔1800m以下的地区，森林的表相皆为阔叶林，包括低海拔的亚热带阔叶林，全台约有三分之二的蕨类都分布于阔叶林带，附生大型蕨类是阔叶林的特征之一。由于阔叶林不像桧木林具有近百分之百的空气湿度，其附生蕨类通常叶子都较厚，或具有蜡质，与桧木林膜蕨科的薄叶子、小叶子大异其趣。暖温带阔叶林（也就是前述的樟壳林）以附生型的巢蕨与地生型的台湾鳞毛蕨为指标。

●巢蕨是暖温带阔叶林最具代表性的附生植物，其叶片较硬挺。

●暖温带阔叶林

中温带针阔叶混交林

高海拔地区主要是以针叶林为主，而中、低海拔地区则以阔叶林为主。这两类森林的交会带在海拔 1800~2500m，为针阔叶混交林，其森林的实质其实也是阔叶林。此一范围通常也是降水最丰富的地区，因此多云雾，是接近较高海拔地区蕨类最多的地方，约有 85 种蕨类分布于此，瘤足蕨科大部分的种类都生长于树林下的地被层。另外，更由于空气湿度较高，树干上常长满苔藓植物，所以有时候又称为苔林，有一些膜蕨科的植物就经常混杂其间，其中最常见的就是细叶蕗蕨。

瘤足蕨科植物是针阔叶混交林的指标植物，尤其是数量庞大的瘤足蕨。

细叶蕗蕨是苔林中最常见的附生型蕨类，常湿生于苔藓中。

中温带针阔叶混交林

山地池沼的蕨类

海拔 2000m 左右的地区是台湾云雾的盛行带，加上年轻地质史所导致的高耸挤压地形，所以在桧木林带山洼积水处常出现山地池沼，这里常可发现鲜绿的泥炭苔以及由泥炭苔所形成的泥炭土。由于山地池沼出现在脊梁山脉较高海拔的地方，所以几乎都隐没于林海之中不易被发现。也由于这种环境多呈零星分布，所以各地的水生植物都会略有不同，宜兰的草埤即为一例，分株紫萁仅发现于该地；阳明山公园的梦幻湖，也应是此一形态的山地池沼之一，代表种为台湾水韭。

●稀有蕨类分株紫萁仅被发现生长于山地池沼地带。

松林的蕨类

在中海拔的局部地区，由于地形陡峭，土壤浅薄，加上一年之中有数个月分气候干燥，因此经常会出现松林。例如大甲溪流域谷关至梨山段与新中横一带即松林集中之处，台湾二叶松则是最主要的种类。松林在发育的过程中，随着森林的年龄增长，树木会越来越少，因此通风良好，使松林经常保持干旱的状态，加上松叶随时脱落，常在松林下堆积一堆松针，松针内所含的松脂极易引起森林大火。此处最具代表性的蕨类即为峦大蕨，它全身长满绵毛，可降低蒸腾速率以适应干旱环境，加上深埋地底的地下茎，得以不受地表火的伤害。

高海拔地区的蕨类

台湾高海拔地区由于地势高耸，其保水力、土壤发育程度、空气湿度都很低，能生存在此的蕨类不到台湾蕨类的百分之十，然而其种类及外形都与中、低海拔的蕨类大异其趣。其分布与高海拔地区的三种主要生态环境有关，即寒温带针叶林、亚寒带针叶林及高山寒原。

高海拔地区的森林概为针叶林，台湾针叶林的分布海拔在2000~3500m，其中2000~2500m的范围与阔叶林混交。基本上，针叶林的结构与阔叶林非常不同，它只有两个层次，即乔木层与地被层，没有木质藤本植物，也没有附生的蕨类植物，桧木林的苔林现象是特殊的例外；台湾针叶林的最大特色是地被层为箭竹，高可达3m，桧木林的箭竹较不显著，因有其他阔叶灌木混生的缘故，所以生活在高海拔针叶林的蕨类，除了高山的环境条件之外，同时也必须适应箭竹下的特殊环境，例如宽叶冷蕨、高山金粉蕨都是针叶林箭竹下的常客。

高山金粉蕨常见长在针叶林下箭竹丛中潮湿多腐殖质之处。

寒温带针叶林

铁杉林是台湾冷温带针叶林的代表，在海拔2500~3000m的高山地区，尤其是棱脊及山坡附近，多可见到。该树种在全世界仅分布于中国台湾及大陆中部偏西南一带，所以铁杉林亦仅见于这两处。由于海拔较低，气温、土壤及其他植物生长条件都显得比高山寒原及亚寒带针叶林为佳。值得一提的是，台湾海拔3000m以上地区不易觅得水源，但在铁杉林带看见水源的概率就大为增加，因此蕨类种类也比较多，约有35种，例如瓦氏鳞毛蕨即是此生态带很常见的蕨类。

瓦氏鳞毛蕨具有环状丛生的一轮绿叶及一轮平贴的枯叶。

寒温带针叶林

亚寒带针叶林

海拔 3000~3500m 的冷杉林，可说是北极圈附近亚寒带北方针叶林在台湾的代表。冷杉林由于位在高山寒原的下方，加上山陵起伏，白天受到阳光照射的时间非常少，常仅在正午前后时刻可以获得温暖的阳光，所以一般而言，冷杉林环境的气温通常都比高山寒原要低很

宽叶冷蕨是冷杉林下较常见的蕨类，常隐藏在箭竹丛下。

箭竹草原的蕨类

台湾高山的其中一项特色就是，冷杉林及铁杉林下布满箭竹，这是世界上其他地区不容易看到的现象。这些森林如果遭遇大火，因为大树不像箭竹具有地下茎，所以在大火过后通常无法生存，而箭竹的地下茎因有地表保护，得以不受大火伤害，最后就在原是森林的地方形成箭竹草原。

台湾从海拔 2500~3500m 的范围内，在某些地区，箭竹草原是最主要的地理景观，有些蕨类就经常出现在这种环境，尤其是石松科的植物，如假石松、地刷子。而在海拔 3000m 以上的箭竹草原还可看到同科的其他种，如玉柏、玉山地刷子等。

玉柏是箭竹草原的常客，其地下茎深埋地下，只露出直立的地上茎。

高山寒原

多，蕨类的种类也相对地比高山寒原少了很多，仅 5~8 种。宽叶冷蕨是其中的代表，或许是缺少竞争对手之故，常见其成群出现。

高山寒原

台湾是一个高山之岛，最高峰达 3952m，更有百余座高山达 3000m 以上。台湾的森林由低海拔至高海拔可自然分布至 3500~3600m，超出这个界限的高山地区，森林就消失了，只见密集或零星的灌木丛以及碎石坡，这种环境即称为高山寒原。

扇羽阴地蕨较常被发现生长在高山寒原灌木丛下。

由于地形陡峭，水土保持不容易，所以生长于此的蕨类其根茎大多隐藏于碎石坡岩缝中，冬天下雪时地表的叶子常枯萎凋落，春天时再冒出新叶。

大约有 20 种蕨类长在这里，例如珠蕨属、扇羽阴地蕨、小杉兰等。

高山珠蕨也是高山寒原灌木丛下的蕨类，其孢子叶较直立，而营养叶较开展。

居家附近的蕨类

有不少种蕨类其实蛮能适应人类所建构出来的都市环境。例如，围墙上的裂缝、排水沟边、庭园中大树的树干上等都是都市蕨类的好去处，最具代表性的种类莫如凤尾蕨，因为它只出现在人类居住的环境，而从不出现在山野之中。另外，鳞盖凤尾蕨与毛叶肾蕨也是都市围墙上的常见蕨类，水沟边则偶尔会发现铁线蕨。

●鳞盖凤尾蕨是都市中壁面裂缝的常见植物。

●凤尾蕨就像猫、狗一般，只出现在人类居住的空间。

不按牌理出牌的蕨类

由蕨类的分布状况大致可以看出，属于森林的蕨类，不论是哪类生长型，如地生、藤本或附生，一般都依附在随着海拔呈现梯度变化的各种森林之中。

但也有一些蕨类并不依此牌理出牌，例如石灰岩生蕨类植物。这些植物海拔高度的分布范围可由临海地区至3000m，地耳蕨、拟日本卷柏、城户氏凤尾蕨、银杏叶铁角蕨等都是属于此类的植物。

有时杂草类的蕨类植物也不依循生态带的原则分布，例如假蹄盖蕨，在低海拔地区的校园、公园绿地颇为常见，但也经常出现在海拔2000m左右的人类开垦迹地。在较高海拔地区的路边或垦地常会发现较低海拔的杂草性蕨类植物，很可能是由于开发之后受日照的影响，环境有某些程度较类似低海拔地区之故。

●属于石灰岩植物的地耳蕨，零星分布在中、低海拔含石灰质成分的岩石地区。

●假蹄盖蕨是庭园中的常见杂草，其外形变化颇大。

赏蕨的地点

蕨类植物分布很广，除了沙漠和海洋外，蕨类植物几乎无处不在。从海边到高山，从河沟、湿地、湖泊，到平原、山丘，到处都有蕨类的踪迹，尤以热带和亚热带地区为其分布中心。它们有的在地表匍匐或直立生长，有的长在岩隙或石壁上，有的附生或缠绕攀附在树干上，也有一些种类生长在海边、池塘、水田或湿地草丛中。

蕨类植物在中国多分布在西南地区和长江流域以南。

一些耐旱的蕨类植物能生长于干旱荒坡、路旁及房前屋后。

中国西南地区是亚洲，也是世界蕨类植物的分布中心之一。云南由于其独特的地理气候环境，蕨类植物种类达到约 1400 种，是中国蕨类植物最丰富的省份。

中国台湾面积虽不大，但蕨类植物众多，是中国蕨类植物最丰富的地区之一，也是世界蕨类物种密度最高的地区之一。台湾本岛的蕨类依海拔高度虽现变化，在中、高海拔地区，台湾东、西、南、北各地的蕨类差异较小，但在低海拔地区，北部与南部的蕨类就差异颇大，东部则因为有石灰岩出现，所以种类也有所不同。

蕨类植物的繁殖过程离不开水，因此，蕨类植物在生存竞争中，通常生长在森林下层的阴暗而潮湿的环境里。

方法篇

没有鲜艳的花朵，
没有甜蜜的果实，
以绿色为族群主调的蕨类
靠什么来分辨彼此呢？
孢子囊的大小、孢子囊群的形状与位置、
孢膜的真假有无、叶脉的形状……
细微的特征里隐藏着演化分群的秘密，
开启蕨类辨识之门的钥匙
就在这里！

蕨类植物科检索表

本检索表主要是架构在植物群演化的优先顺序上，再配合容易观察到的形态与生态特征加以分群。根据演化的先后，蕨类植物大致可分成拟蕨、厚囊蕨、原始薄囊蕨与进化程度较高的薄囊蕨四大类；而将薄囊蕨中的水生蕨类集中处理，则是基于栖息环境的相似性，而非演化上的关联。此外，检索表中的原始薄囊蕨类指的是近代薄囊蕨类较早出现在地球上的一群，由于各科各具独有的特征，与今天占大多数的其他进化程度较高的薄囊蕨类极为不同，建议读者检索至陆生薄囊蕨类时，可先行查阅表四各图，如有需要，再进行往后的检索。

蕨类植物科检索表

- ①叶通常小型，仅具一中脉或无脉，孢子囊着生叶腋，有时聚成孢子囊穗——拟蕨类 → 表一
- ①叶大型，叶脉多条、分叉，孢子囊着生在叶背或侧缘，常形成孢子囊群，或孢子囊位于孢子囊果中，绝不形成孢子囊穗——真蕨类
  - ②孢子囊小型，或具孢子囊果；植物体革质、纸质、草质或膜质，绝不具托叶；陆生或水生植物——薄囊蕨类
    - ③陆生薄囊蕨类
    - ③水生薄囊蕨类
  - ②孢子囊大型，肉眼可见；植物体肉质状（根尤其明显），具革质或膜质鞘状托叶；概为陆生植物——厚囊蕨类 → 表二

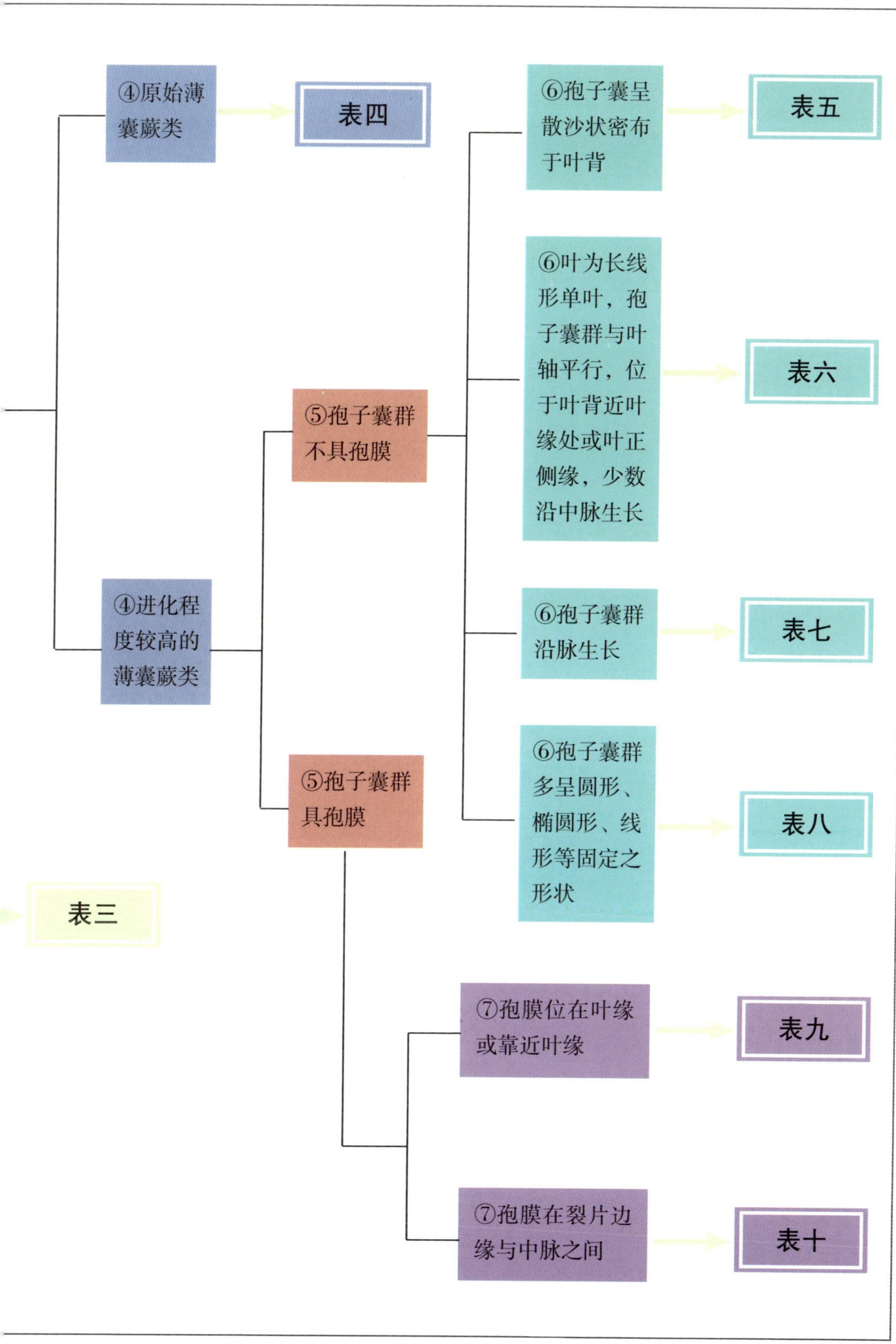
④原始薄囊蕨类
表四
④进化程度较高的薄囊蕨类
⑤孢子囊群不具孢膜
⑤孢子囊群具孢膜
⑥孢子囊呈散沙状密布于叶背
表五
⑥叶为长线形单叶，孢子囊群与叶轴平行，位于叶背近叶缘处或叶正侧缘，少数沿中脉生长
表六
⑥孢子囊群沿脉生长
表七
⑥孢子囊群多呈圆形、椭圆形、线形等固定之形状
表八
⑦孢膜位在叶缘或靠近叶缘
表九
⑦孢膜在裂片边缘与中脉之间
表十
表三

表一

拟蕨类：叶通常小型，仅具一中脉或无脉，孢子囊着生叶腋，有时聚成孢子囊穗

a. 叶螺旋排列或于正面呈三行排列——石松科⇨第 94 页

b. 叶于正面排成四行——卷柏科⇨第 96 页

c. 水生，叶长线形，丛生于基部块茎上——水韭科⇨第 98 页

d. 枝、叶均轮生，小叶基部愈合成鞘状——木贼科⇨第 100 页

e. 茎二叉分支，地上茎稀，被鳞毛状小叶，小叶无脉，腋生之孢子囊具三个突起——松叶蕨科⇨第 102 页

表二

厚囊蕨类：孢子囊大型，肉眼可见；植物体肉质状（根尤其明显），具革质或膜质鞘状托叶；概为陆生植物

a. 叶柄基部具膜质托叶，孢子囊枝自叶主轴伸出，与叶不在同一平面上——瓶尔小草科⇨第 104 页

b. 叶柄基部具肥厚、略木质化大型托叶，羽片及叶柄基部具膨大叶枕——合囊蕨科⇨第 106 页

表三			
水生薄囊蕨类	植物的根部着土	a. 叶片四裂成“田”字形——苹科 ⇨第 170 页	
		b. 叶为一回羽状复叶，具明显的顶羽片，羽片边缘呈锯齿状——毛蕨（金星蕨科）	
		c. 夏绿型的两型叶植物，叶轴坚硬，孢子叶极度皱缩，孢子囊着生部位仅具叶脉不具叶肉——分株紫萁（紫萁科）	
		d. 叶质地柔软、肉质，孢子叶具反卷的叶缘，较营养叶窄——水蕨（水蕨科）	
	植物体漂浮水面，绝不着土	a. 叶片长小于 0.1cm，互生——满江红科 ⇨第 174 页	
		b. 浮水叶对生，椭圆形，大于 0.5cm——槐叶苹科 ⇨第 172 页	

表四

原始薄囊蕨类

a. 孢子囊着生处不具叶肉，孢子囊绕着叶脉生长，孢子叶或孢子羽片皱缩——紫萁科 ⇨第 110 页

b. 休眠芽仅出现在羽轴顶端——海金沙属（海金沙科）⇨第 112 页

c. 叶长线形，禾草状，孢子囊集生于叶顶端的指状裂片上——莎草蕨属（莎草蕨科）

d. 叶仅一层细胞厚，薄膜质，孢膜二瓣状、宽杯形或管状，位于裂片顶端——膜蕨科⇨第 116 页

e. 叶主轴顶端具休眠芽——里白科⇨第 114 页

f. 叶革质，背面粉绿色，孢膜为厚硬的蚌壳状，位于裂片凹入处——蚌壳蕨科⇨第 118 页

g. 孢子囊托明显突出叶背；植物体多为树木状——桫椤科⇨第 120 页

h. 叶柄基部两侧呈翼状，横切面呈三角形；叶柄基部或羽片基部具瘤状突起；两型叶——瘤足蕨科⇨第 124 页

i. 叶多回二叉分裂——双扇蕨科⇨第 126 页

j. 营养叶全缘不分裂或末端呈燕尾状二裂，主脉二叉分支——燕尾蕨科 ⇨第 128 页

表五

进化程度较高的薄囊蕨类一：孢子囊群不具孢膜，孢子囊呈散沙状密布于叶背

单叶	a. 孢子叶和营养叶形状大致相同——舌蕨属（舌蕨科）	
	b. 两型叶，营养叶主脉单一，主侧脉明显——水龙骨科	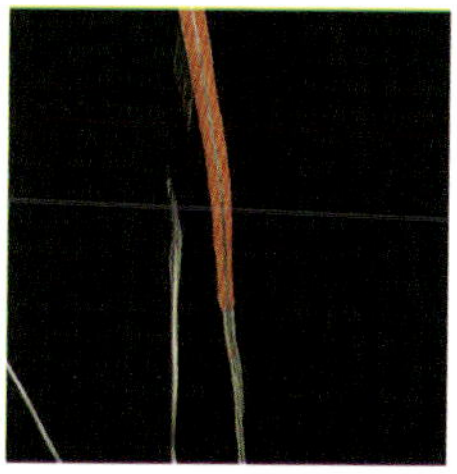
一回羽状裂叶，或仅基部一对羽片独立分离	a. 地生植物，高约 50cm——沙皮蕨（岩蕨科）	
	b. 小型岩生植物，高约 15cm——地耳蕨（三叉蕨科）	 
一回羽状复叶	a. 植株根细小，直径在 1mm 以下；属阔叶林下山沟边之植物——萝蔓藤蕨科 ⇨第 162 页	
	b. 植株的根粗硬，直径可达 5mm 以上；属海岸溪山的沼泽湿地植物——卤蕨（卤蕨科）	

表六

进化程度较高的薄囊蕨类二：孢子囊群不具孢膜，叶为长线形单叶，孢子囊群与叶轴平行，位于叶背近叶缘处或是叶正侧缘，少数沿中脉生长	植株不具星状毛	a. 叶横切面线形，孢子囊沿叶边缘生长——书带蕨属（书带蕨科）⇨ 第 139 页	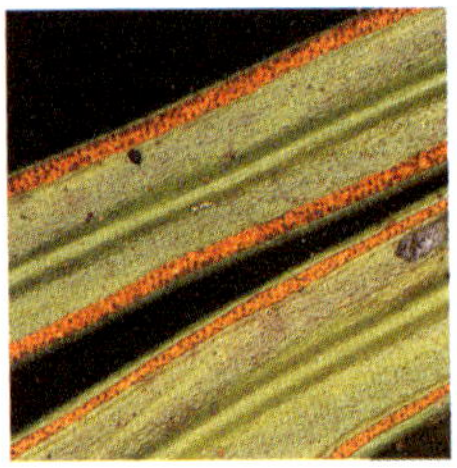
		b. 叶横切面线形，孢子囊沿中脉生长——一条线蕨属（书带蕨科）	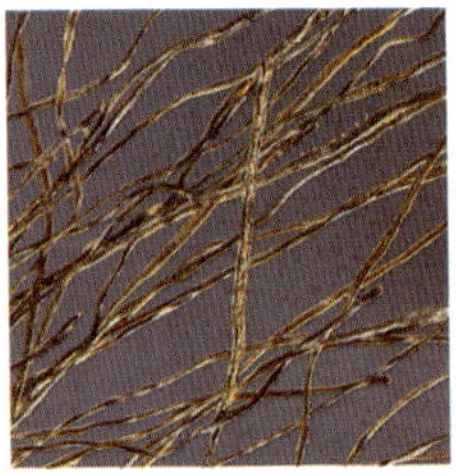 （标本）
		c. 叶横切面椭圆形，孢子囊沿中脉两侧生长——二条线蕨属（水龙骨科）	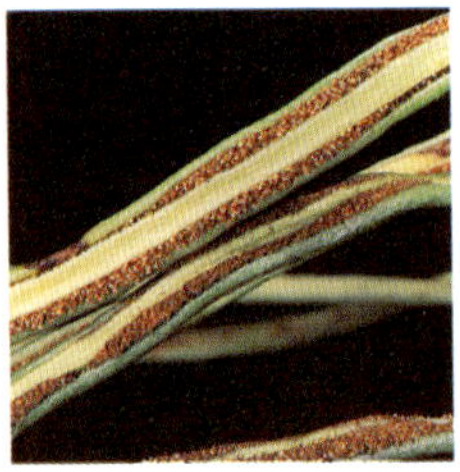
	植株具星状毛	a. 孢子囊群位于叶中脉两侧沟槽中——革舌蕨（禾叶蕨科）	 （标本）
		b. 孢子囊群位于叶背，并由略为反卷叶缘所保护——卷叶蕨（水龙骨科）	

表七 进化程度较高的薄囊蕨类三：孢子囊群不具孢膜，孢子囊群沿脉生长		
单叶全缘	a. 叶厚，匙形，表面光滑无毛——车前蕨属（车前蕨科）	
	b. 叶心形至长心形，叶背密布毛和鳞片——泽泻蕨（裸子蕨科）	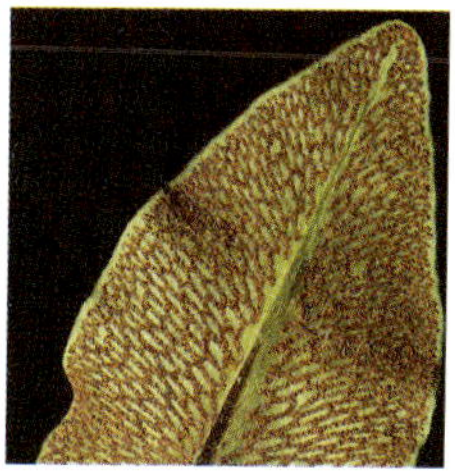
叶为一回羽状裂叶，至多仅基部一至数对羽片独立——圣蕨群、溪边蕨（金星蕨科）		
叶为一回羽状复叶，茎直立，具明显主干——苏铁蕨（乌毛蕨科）		
叶至少为一回羽状复叶，不具挺空的直立茎——金毛裸蕨、粉叶蕨、翠蕨、凤丫蕨属（裸子蕨科）		

表八

进化程度较高的薄囊蕨类四：孢子囊群不具孢膜，孢子囊群多呈圆形、椭圆形、线形等固定形状	叶脉网状，网眼中具游离小脉；单叶、一回羽状或掌状裂叶——水龙骨科➪第 140 页		
	羽轴两侧各具一排网眼，网眼中无游离小脉；三回羽状裂叶，末裂片间具与叶表垂直之突刺——黄腺羽蕨（叉蕨科）		
	叶具愈合脉形成网眼——星毛蕨群、新月蕨群（金星蕨科）➪第 146 页		
	叶脉游离，不具网眼	叶柄密布毛	a. 单叶，叶（尤其是叶柄）上的毛多为平射状褐色多细胞毛——禾叶蕨科➪第 144 页
			b. 单叶、一回羽状复叶至二回羽状裂叶，叶柄、叶轴，甚至叶片上，密被针状单细胞毛——卵果蕨属、紫柄蕨属、方秆蕨群（金星蕨科）
			c. 叶二至三回羽状复叶，植株具多细胞毛——姬蕨（姬蕨科）
		叶柄无毛，或仅具稀落之毛	最下羽片基部与叶柄交接处具有关节——羽节蕨属（蹄盖蕨科）
			植株不具关节

a. 叶为一回羽状复叶，叶柄及叶轴密被黑色线形鳞片——史氏鳞毛蕨（鳞毛蕨科）

b. 叶至少为二回羽状裂叶，叶柄基部具浅褐色鳞片——贞蕨属（蹄盖蕨科）

c. 叶为一回羽状复叶或多回羽状复叶，成熟植株不具毛和鳞片——稀子蕨属（稀子蕨科）

表九

<table>
<tr><td rowspan="6">进化程度较高的薄囊蕨类五：孢子囊群具孢膜，孢膜位在叶缘或靠近叶缘</td><td rowspan="3">孢膜开口朝内</td><td colspan="2">a. 两型叶，孢子叶的羽片两侧强烈反卷，呈豆荚状——荚果蕨属（球子蕨科）
</td></tr>
<tr><td colspan="2">b. 植株（尤其是茎及叶柄基部）仅具毛或为 2~3 列细胞宽的毛状窄鳞片——蕨属、曲轴蕨属、栗蕨属、细叶姬蕨（碗蕨科）</td></tr>
<tr><td colspan="2">c. 植株具扁平、多列细胞宽的典型鳞片——凤尾蕨科⇨第 136 页</td></tr>
<tr><td rowspan="3">孢膜开口朝外</td><td colspan="2">孢膜与至少两条脉相连——鳞始蕨科⇨第 134 页
</td></tr>
<tr><td rowspan="2">孢膜仅与一条脉相连</td><td>孢膜肾形或圆肾形
</td></tr>
<tr><td>孢膜管状、杯状、鳞片状或碗状</td></tr>
</table>

a. 根茎长，植物体呈缠绕攀缘状，叶散生；叶柄基部具关节——藤蕨属（藤蕨科）➩ 第 161 页

b. 茎短而直立，叶呈丛生状，并有向四周延伸的匍匐茎；羽片基部具关节——肾蕨科➩ 第 158 页

a. 茎及叶柄基部具毛状窄鳞片，其余部分光滑无毛；叶卵状披针形；叶柄基部不具关节——达边蕨属（鳞始蕨科）

b. 根茎及叶柄基部具宽大的鳞片，其余部分光滑无毛；叶片通常为五角形；叶柄基部具关节——骨碎补科➩ 第 154 页

c. 植株仅具毛不具鳞片，叶柄及叶片部分尤其显著；叶柄基部不具关节——碗蕨属、鳞盖蕨属（碗蕨科）➩ 第 130 页

表十 **进化程度较高的薄囊蕨类六：孢子囊群具孢膜，孢膜位在裂片边缘与中脉之间**	孢膜长条形	孢膜与羽轴或小羽轴平行——乌毛蕨科⇨第 152 页	
		孢膜与末裂片的主脉斜交	
	孢膜鳞片状，圆形、圆肾形或球形	单叶——蓧蕨属（蓧蕨科）	
		复叶	羽轴表面有沟，且与叶轴的沟相通
			羽轴表面无沟，或有沟但不与叶轴的沟相通

a. 鳞片窗格状，孢膜仅生于叶脉一侧——铁角蕨科
➪第 148 页

b. 鳞片细胞不透明，孢膜常呈“J”形、马蹄形、背靠背双盖形或香肠形——蹄盖蕨科➪第 168 页

a. 孢膜细小，基部着生，孢子囊群常将孢膜遮盖——冷蕨属、台湾亮毛蕨、假冷蕨（蹄盖蕨科）

b. 孢膜较大，位于孢子囊群上方，或将孢子囊群全面遮盖——鳞毛蕨科➪第 164 页

植株具单细胞针状毛；叶片草质至纸质

a. 叶片二回羽状中裂或深裂，披针形、卵圆形至椭圆形——金星蕨科➪第 146 页

b. 叶片三回羽状分裂，卵形至三角形，叶柄基部膨大，上面覆满红棕色鳞片——肿足蕨属（蹄盖蕨科）

植株具多细胞毛，在羽轴表面尤其显著；叶片草质至纸质

a. 羽轴表面具多细胞肋毛；最基部羽片的最基部朝下小羽片通常较长——鳞毛蕨科三叉蕨亚科➪第 166 页

b. 羽轴表面具蠕虫形窄鳞片；最基部羽片的基部两侧等长——蹄盖蕨科拟蹄盖蕨属

植株完全不具毛，但密布鳞片；叶片革质至厚革质——耳蕨属、鳞毛蕨属（鳞毛蕨科）

观察篇

哪些蕨类会“踩高跷”？

哪些蕨类会“走路”？

笔筒树为什么又叫“蛇木”？

煤炭的前身又是谁?

……

本篇传授各科的“识别锦囊”，

破解“演化舞台”上的秘密，

呈现趣味的“生态视窗”，

还告诉你“蕨类与人”的亲密关系，

让你出入其间，更加心领神会。

石松科

Lycopodiaceae

石松科是原始的拟蕨类植物中数量较多的一群。野外只要看到毛茸茸、绿色小刷子似的植物，很可能便是石松科的成员。它们遍布全世界，从高海拔的岩屑地，到低海拔的森林边缘或空旷地都有它们的踪迹。其中，又以垂穗石松（过山龙）为最常见且具代表性的种类。

观察垂穗石松

在野地里，尤其是在中、低海拔阳光及水源充足的开阔山坡地，常可看到一串串如睫毛刷的绿色植物攀垂在土坡上，末端还会有如麦穗般的构造，它就是垂穗石松，又称过山龙。垂穗石松往往成群出现，因为它的主茎常会由直立转变为倾卧，甚至匍匐状，所以一整片的垂穗石松很可能只是一棵植物。

石松科档案

外观特征：叶小型，单脉，多呈螺旋状排列；茎二叉分枝；孢子囊长在叶腋；孢子叶多集生在枝条顶端，有的会聚集成椭圆形的孢子囊穗。其外观与颜色有时会和营养叶极为不同。

生长习性：附生或地生，有些具悬垂性或攀缘性；许多稀有种类都与较成熟的森林有关。

地理分布：遍布世界。

种数：全世界有4属约300种。

垂穗石松属于倾卧匍匐性的蕨类，植株长可达数米。

生态视窗

适应开垦环境的石松

高山箭竹草原上的假石松群落

在一般人的印象中，蕨类都是生活在潮湿、阴暗的环境，可是有不少种石松科的成员却是生长在开阔的地方。譬如在中、低海拔开垦过的山坡地常可看到过山龙；而高山地区火灾过后长出的箭竹草原上，则会发现假石松的踪迹，因为它具有常被掩盖在土壤下的匍匐茎，而火只会烧掉土壤表面的部分，灾后假石松很快就会冒出新芽，短时间内即又蔓成一大片。

蕨类与人

花篮的最佳男配角——垂穗石松

垂穗石松的茎呈匍匐状，碰到土的时候就会长出根与直立的茎，很容易从一个地方爬到另外一个地方，因此才产生这么有趣的名称。这种蕨类很多，早年经济较不富裕，装饰花篮时常以垂穗石松来做陪衬，让花篮看起来较有分量，因此，它可以称得上是花篮的最佳男配角。

粉黄色孢子叶集生在分枝末端，形成无柄的孢子囊穗，长孢子囊穗的枝条常弯曲向下。

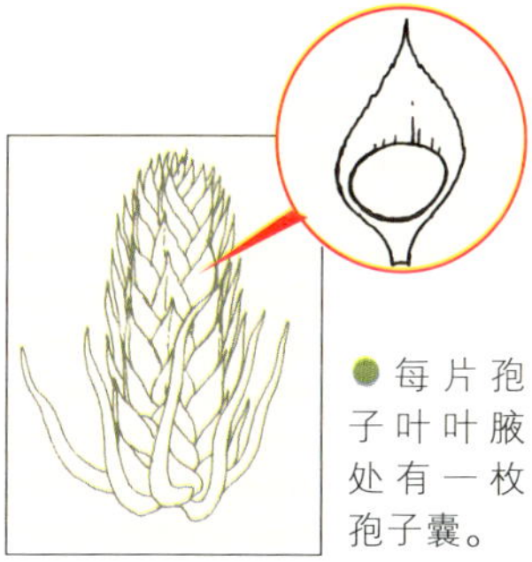

每片孢子叶叶腋处有一枚孢子囊。

演化舞台

埋入地层的蕨类森林

蕨类植物的全盛时期是古石松类和古木贼类广布的石炭纪（约3亿年前），当时的森林有如今天的热带雨林，主要的优势树种全是巨大的拟蕨类，如古石松即高达40m，茎粗约2m。“石炭纪”名称源自此地层中含有大量的石炭，而石炭即是这片繁盛的蕨类森林被埋入地层后，长期受地球内部的高压高热而炭化形成的产物，也就是煤炭。石炭纪之后，包含古石松、古木贼等拟蕨类，开始走向衰退，真蕨类逐渐成为蕨类植物中较优势的类群。

漆黑的煤炭隐藏着蕨类的身世秘密。

小叶单脉，呈细针状，螺旋形排列在茎上。

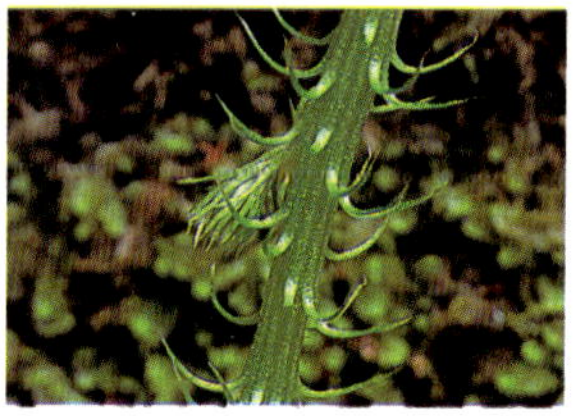

卷柏科

Selaginellaceae

卷柏科也是拟蕨家族的成员，其外观上最大的特征是：植株的枝条呈扁平状，正面有4排并列的小叶，具有明显的背腹性，略似红桧或扁柏。不管是在野外的林荫下、路旁的土壁或岩石上，都有可能找到它们的踪迹。卷柏科植物还经常会将枝条向上及向内反卷，这是一种适应干旱环境的演化策略。

观察卷柏

卷柏是低海拔山区很常见的蕨类。亭亭玉立的主茎，典型的二回羽状分枝，第一回侧枝有如飞扬的鸟翼，且同侧的侧枝彼此明显分开，其上的枝条呈羽状排列，长着玲珑可爱的四排小叶。由于它对环境的适应性良好，也常见于潮湿的庭园。卷柏科大部分的种类都生活在阔叶森林的下层，喜欢有遮阴、潮湿、温暖的环境。

卷柏科档案

外观特征： 枝条正面具4排小叶，中叶和侧叶形态不同，无柄，单脉。植物体扁平，具有背腹性。孢子囊着生叶腋，孢子叶集生于枝条末端，形成长方柱状的四面体形或扁平状的孢子囊穗。

生长习性： 地生或长在岩石上，主茎匍匐或直立生长，常成群出现。

地理分布： 主要分布在热带、亚热带地区。

种数： 全世界只有1属约750种。

卷柏常成群出现，是低海拔山区的常见蕨类之一。

生态视窗

死而复生的万年松

万年松是卷柏科的成员，又叫做“九死还魂草”，或简称“还魂草”，这是因为在干旱的季节，它整个植株会由外向内卷缩起来，将银白色的背面露出来，宛如枯死一般。其实它是利用这个方法来反射太阳光，减少表面水分的蒸发，等到雨季重临，它便再度舒展开来，重现翠绿生机。当万年松卷缩起来时，它并未死去，因为生长点被保护在里面。这是万年松度过恶劣干旱环境时的生存策略。

万年松喜欢生长在大岩壁上。空气湿度足够时，丛生的枝条常呈开展状；当湿度降低时，则卷缩成拳状。

踩高跷的卷柏科蕨类

生根卷柏喜欢生长在潮湿、高腐殖质的环境，可是假如植株太靠近潮湿的地面，茎叶就容易烂掉，也很可能会被别的植物所遮盖住。为了与地面保持一段距离，其主要的枝条会分很多叉，每个分叉点都会长出一个向地面生长的构造，叫做“根支体”。它就用根支体将主要植物体平行撑起来，仿佛踩着高跷一般，这是它的生存本领之一。其实像异叶卷柏和前面提到的卷柏也都有类似的构造，只是不像生根卷柏的根支体这般发达罢了。

孢子叶集生枝条末端，形成长方柱状的四面体形孢子囊穗。

枝条的正面共有4排小叶，旁边两排较大的称为侧叶，中间两排较小的称为中叶。小叶无柄，具单脉。

蕨类与人

园艺的不速之客——翠云草

翠云草是原产于中国南部地区的卷柏，主茎匍匐状，呈蔓性生长。其特色是：在阴暗的环境中会呈现诡异的蓝色，在阳光之下则呈现粉绿色。这种卷柏由于十分耐阴，且繁殖力强，又有奇特多变的色彩，因此被世界各地广泛引进栽培，在许多花园里也可见到自行繁殖的个体。

翠云草的颜色会随环境的湿度与遮蔽度而产生变化，有时呈粉绿色，有时则呈蓝绿色。

水韭科

Isoetaceae

水韭科是拟蕨类中叶子较大的一群，叶片细长，丛生于块状茎上，茎则着土长在水中，每片叶仅具单脉。它们的孢子囊长在叶子基部与茎的交接处（叶腋）。

水韭科档案

外观特征：具块状茎；小叶细长，丛生，具单脉，肉质，通气组织发达。

生长习性：水生至湿生，沉水或挺水。

地理分布：零星分布于世界各地。

种数：全世界有1属约130种。

●阳明山梦幻湖的台湾水韭常长在浅水处，就像是一丛丛的小韭菜。

观察台湾水韭

台湾水韭是台湾唯一的水韭科蕨类，目前仅见于阳明山梦幻湖中。它属于着土型的水生植物，乍看下就像是一丛丛长在水中的韭菜。雨季时会完全没入水面下，枯水期才露出水面来。

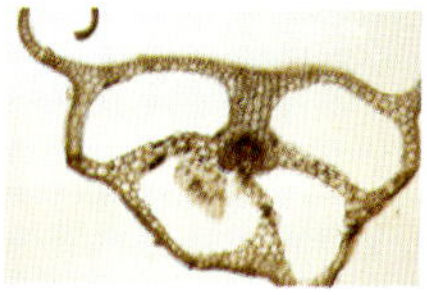
叶内部具空腔，可供气体流通及保存。

演化舞台

台湾水韭是台湾特有种

1971 年，一对大学植物科系的学生情侣在梦幻湖畔散步时，无意中发现湖中长着一丛丛状似韭菜的不知名水生植物。专业的训练让他们感觉到这种植物并不寻常，便带回学校给当时台湾蕨类植物学权威——棣慕华教授鉴定，证实了这是一种水韭，而且和世界上已发现的其他水韭都不一样。棣教授因此给它一个新的名字，这便是台湾水韭被发现的经过。

直到今天，一般人都认为台湾水韭是台湾特有种，也就是说全世界只有台湾，而且只有在北部阳明山的梦幻湖才有这种植物，果真是如此吗？

从盆地形成史推断

我们可以从台北盆地的形成史来尝试推断：大约是 200 万到 600 万年前台北从海里面冒出来，而大约 280 万到四五十万年前，台北北部地区陆续产生火山喷发的现象，所以可以推论在四五十万年前，阳明山区应该没有太明显的植被，因为火山喷发后邻近地区不可能有生物存在。那么后来它的生物从哪里来呢？台北市北边火山喷发，可是南边没有，南边还是森林，所以有一些动物与植物会从南边的森林移到北边来，也就是说，南边才是种源所在。

从生物变成新种的角度来看，族群隔离是很重要的条件，生物如果没有遭遇隔离，基因就会交流；反之，若是隔离很清楚，就可能会产生新种。通常要有海洋、大河或高山才能产生地理隔离的机制。我们知道，台北市的北边跟南边在地质史上并没有如台湾海峡或是中央山脉那样的生物大阻隔体，加上盆地陷落及溪流形成也都是晚近之事，不大可能演化出新种，这由阳明山除了台湾水韭外，并无特有种的事实，可作为佐证。在 1930 年曾经做过梦幻湖的调查，其中也没有记载水韭这种蕨类植物，因此推断，台湾水韭并非台湾特有种。

小水鸭权充送子鸟

那么台湾水韭到底是怎么来的呢？推论之前，首先必须先了解梦幻湖特殊的生态环境。海拔 700m 的梦幻湖在冬天受东北季风的影响，降水随风而来，因此除了温度会变低，过了中午以后还会云雾笼罩，偶尔也可看到云海，有时甚至还会下雪。这原本是中央山脉 2000m 左右才有的生态现象，到了北部即下降分布到梦幻湖一带，在生态学上我们称此为北降现象。

40 多年前刚发现台湾水韭时，梦幻湖附近都是森林，当时湖里有很多水鸭，而水鸭很喜欢吃这种水生植物。因此我们推测，台湾水韭可能原本生长在北方的某一个角落，也许是在西伯利亚或者其他较不被注意的温带或寒带地区水域，环境近似梦幻湖，随着水鸭季节性的迁移，它的孢子随着水鸭的排泄物散布在梦幻湖中，台湾水韭就此落地生根。

木贼科

Eguisetaceae

木贼科是拟蕨类植物中相当具有特色的一群，一是茎和枝条有节，扯断后接回，看不出断痕；二是枝条与小叶呈轮生排列；三是茎上有纵沟。这 3 个特征在蕨类植物当中，可说是只此一家，别无分号。

观察木贼

木贼主要生长在低海拔向阳开阔的溪边，或是平地的水沟旁。它有个有趣的别称叫“土笔”，顾名思义，其外观看起来就像是一枝枝插在土上的毛笔，笔头就是它的孢子囊穗。它还有一个俗名叫“接骨草”，因为如果用手握住枝条的两端，用力一拉，会发现它断掉的地方，一边是尖的，一边呈鞘状，仿佛可以再接合起来，这可是伴随许多人走过童年的天然玩具呢！木贼由于地下茎发达，常蔓延成一片，宛如小型的孟宗竹林，其实很可能只是一棵而已。

木贼科档案

外观特征： 孢子囊穗椭圆形，顶生；茎中空有节，枝条、小叶轮生，小叶基部愈合成鞘；茎有纵向的棱脊与沟槽，表面粗糙；地上茎直立，地下茎匍匐状。

生长习性： 生长在溪边沙地或砾石滩地，平地沟边也可见到。

地理分布： 主要分布于北半球的寒带、温带及亚热带。

种数： 全世界有 1 属 15 种。

孢子囊穗长在枝条顶端，由许多六角形的盾状构造组成，孢子囊即着生其内。

长在小溪边的木贼，因地下茎匍匐地面下且不断分支，故地上茎常呈蔓生状。

演化舞台

木贼的茎是中空的

假如我们把木贼的茎横切来观察，会发现中间有一个空腔，为什么要有空腔呢？其实大部分水生植物的茎都有空腔，因为植物与动物一样需要进行呼吸作用，而在水中呼吸比较困难，所以如果身体里面有空的部分，便可以保存氧气，并产生浮力。木贼长在大河旁边的沙地，根茎其实也是浸泡在水里面，所以它的主茎通常是空的。除了一个大空腔外，还会有很多小空腔，让气体流通更加顺利。

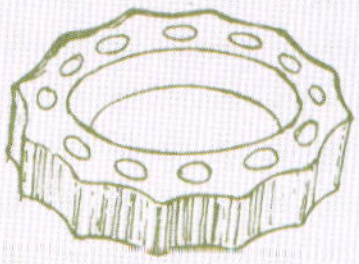

木贼茎的横切面

趋同演化

木麻黄的枝条长得跟木贼很像，同样有轮生愈合的叶子与轮生的枝条。这两类植物如此类似，但它们却分别属于两个很不一样的植物群。木麻黄是开花植物，木贼则是不开花的植物。这种亲缘关系相差甚远，长相却如出一辙的情形，称为趋同演化。

木贼具有轮生愈合的叶子与轮生的枝条。

木麻黄的雌株常可见如松球般的果实，而且植株甚为高大，这是木贼所不具备的。

蕨类与人

最环保的锅刷

昔日木贼的茎常被人们弄成一捆捆的，用来当做清洗锅子的锅刷，因为木贼的茎有突出的棱脊，棱脊处的厚壁细胞沉积了大量含硅的矿物质，表面极为粗糙，而它刚好长在水边，正好用来刷锅子。这种“木贼刷”用过即可丢弃，化归自然，不会污染环境，可说是最环保的清洁工具。

松叶蕨科

Psilotaceae

松叶蕨科也是拟蕨类之一，其最具代表性的松叶蕨造形非常简单，整棵植物乍看之下，只见绿色的多次二叉分枝的茎，上面着生一枚枚具有三面突起的大型孢子囊，叶子很小，呈鳞毛状，肉眼几乎看不到。本科是蕨类中造形奇特的少数族群，而且数量不多，若有幸相遇，可别错过了观察的机缘。

观察松叶蕨

漫步在低海拔的森林里，有时我们会在高大的笔筒树树干上发现一种奇特的植物，看起来像是一束束的松叶，又像一支支倒插的绿色小扫把，这就是俗称“铁扫把”的松叶蕨。松叶蕨主要分布在低海拔天然林，喜好潮湿温暖的环境。除了笔筒树的树干外，偶尔在水沟石缝中，甚至花盆等人工环境也可能出现它的身影。

松叶蕨科档案

外观特征：茎呈二叉分枝；小叶鳞毛状，无脉，孢子叶为二叉状。孢子囊具有三面突起，肉眼可见。

生长习性：通常附生于树干上，也偶见于岩缝或地上。

地理分布：分布于亚热带至暖温带潮湿地区。

种数：全世界有 2 属约 12 种。

松叶蕨常长在林下笔筒树树干上，就像是一支支倒插的小扫把。

小叶呈鳞毛状，无脉。

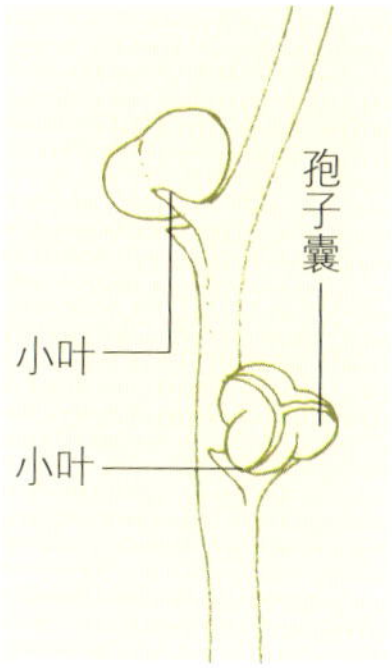

孢子囊长在叶腋，无孢膜，肉眼可见，具有三个圆形突起，成熟时由绿转黄。

演化舞台

松叶蕨与原始雷尼蕨

雷尼蕨是在约 4 亿年前的地层中所发现的一种化石蕨类，目前并不存在于地球上的任何一个角落，学者都认为它是全世界最早的陆生植物，同时也是最原始的蕨类。由于松叶蕨的外形和雷尼蕨很像，一度曾被以为两者有亲密的血缘关系，但后来研究证实并非如此。松叶蕨简单的外形其实是退化的结果，它和雷尼蕨应分属不同的门。但无论如何，松叶蕨在所有现生的蕨类中仍是属于较原始的类群。

雷尼蕨

生态视窗

与真菌共生的松叶蕨

自然界的生物在长期演化过程中，彼此之间逐渐发展出各种关系：有双方互利的；有一方有利，另一方却有害的；也有一方有利，另一方亦无害的；更有双方在一起，彼此却无任何利害关系的。在双方互利的例子中，最著名的要算是真菌与维管束植物的共生关系了，真菌居住在某些高等植物的根里面，协助植物的根部吸收水分及少量营养元素，同时也帮助根部抵御外来病菌的侵犯，而真菌也可从植物的根细胞取得碳水化合物及多种维生素。而松叶蕨的地下茎及配子体内也居住着这一类的真菌。除了松叶蕨外，石松科的配子体、瓶尔小草科及合囊蕨科的根部也都有与真菌共生的现象。

瓶尔小草科

Ophioglossaceae

瓶尔小草科蕨类的外观特征很明显：大型、肉眼可见的孢子囊排列在孢子囊枝上，成穗状或圆锥状；而孢子囊枝则着生在营养叶上，叶片的形状有单叶、羽状分裂至复叶、三出复叶等 3 种类型。它们在叶柄基部具有鞘状托叶，和合囊蕨科一样，是蕨类植物中少数具有托叶的两个科。

观察瓶尔小草

过去在公园或学校的草皮上，偶尔会看到有些人弯身在采草药，他们很可能是在寻觅一种只有一片叶子的植物——俗名“一叶草”的瓶尔小草，它是瓶尔小草科蕨类中较常见的一种，是传统治疮的中药材，一度身价不凡，但由于采摘过度，目前反而不太容易看到它的踪迹了。

瓶尔小草科档案

外观特征： 根状如兰花的根，肥厚肉质；茎短直立状、肉质；叶片通常也为肉质状，幼叶不卷旋，孢子囊枝以一定的角度附生在营养叶上。

生长习性： 绝大多数为地生型植物，少数附生于树干，或为湿地植物。

地理分布： 分布世界各地，但不常见。

种数： 全世界有 3 属约 80 种。

●瓶尔小草常出现在空旷的草生地上，叶呈汤匙状，很容易与开花草本植物的叶子混淆。

●叶脉网状，网眼长形，内有游离小脉。

●茎短直立状，肉质，为膜质托叶所被覆。

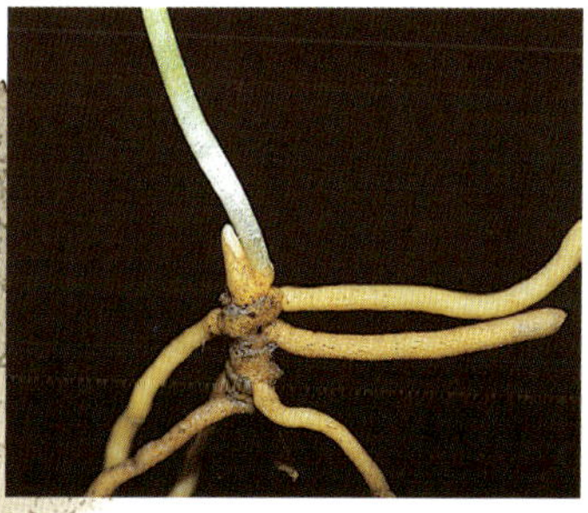

生态视窗

有趣的生存机制

由于瓶尔小草科大都生长在相对较干旱的地区，例如开阔的草生地、林下山脊或大树的树干上等。所以此科蕨类都趋向演化成小型多肉植物，其叶子通常不越冬，而肉质状、稍稍膨大的叶柄基部及具有菌根菌与不定芽的根系更是它的生存重点。

叶柄基部膨大，是因为内部包被 2~5 枚未成形的叶子，由较老的依次保护较年轻的，而在每一个生长季之初才释放一片叶子。如果遇到较不适宜的状况，例如气候干旱等因素，新叶则蛰伏不出，呈休眠状态。其根系则类似高等植物的地下茎，有时也可由根上长出新植株，这也是瓶尔小草科植物叶子常成群出现的主因。更神奇的是，根内含有菌根菌，可协助吸收周围环境的氮元素供植物之用，这种现象同时也出现在合囊蕨科的根部、松叶蕨的地下茎与石松科的配子体上。

瓶尔小草科另外还有一个特性是：植株虽然呈肉质状，但通常不具有厚壁细胞，这是其植株较小型的主因，也是附生型植株通常会下垂的原因。或许也因此之故，瓶尔小草科虽总能适应相对较干旱的环境，但仍要保持一定程度的水分，例如生长在空旷的草地，但土壤是潮湿的；生长在山脊的环境，则必终年多雾；若是长在树干上，则该森林林下湿度一定颇高。

●附生在林内树干上的带状瓶尔小草，因不具厚壁细胞，所以叶无法挺立而下垂生长。

合囊蕨科

Marattiaceae

合囊蕨科和瓶尔小草科合称厚囊蕨类。因其孢子囊特别大，孢子囊壁特别厚，近似拟蕨类，但它们又具有真蕨类的大叶子，因此可说是演化过渡期的产物。合囊蕨科外观上最大的特征是它的托叶，蚌壳状的托叶一组组密生在块茎上的叶柄基部，乍看之下，就像是观音菩萨的莲花座一般，这也是本科成员的名字中多数都有“观音座莲”四字的原因。

观察观音座莲

观音座莲是合囊蕨科的蕨类当中分布最广的一种，在都市近郊的森林里就很容易看到。它的整个植株看起来肥厚多汁，叶片非常巨大，每片叶子甚至可长达3m，除了明显易辨的托叶“莲花座”外，叶柄及羽轴基部膨大的“叶枕”，也是它的标准特征。

●低海拔溪谷旁常可见观音座莲，叶大型，呈肉质状。

合囊蕨科档案

外观特征：根粗大肉质，茎块状、略带肉质，叶柄基部具有肥厚、略微木质化的宿存托叶。幼叶卷旋，成熟叶为一至三回羽状复叶，有时非常大型。叶柄及羽轴基部有膨大的叶枕。叶脉游离，有些具有回脉。孢子虽成群集生，有时其个体仍清晰可辨，有时则愈合在一起。

生长习性：地生。

地理分布：分布于热带、亚热带地区。

种数：全世界有4属约300种。

孢子囊大型，靠近羽片边缘成群集生，属于齐熟型。

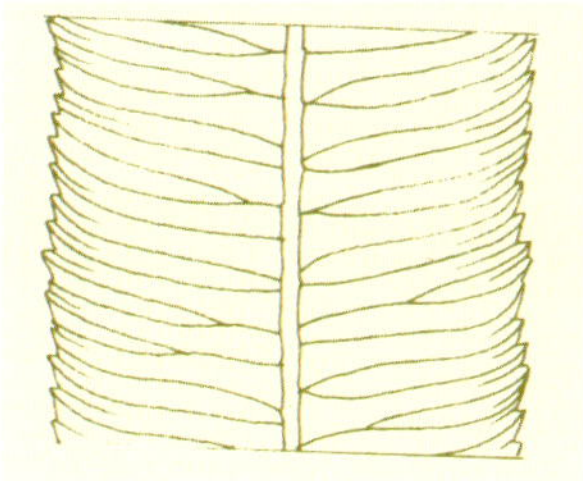
叶脉游离，至多一次分叉；在两条真脉中间具有一条很短的回脉。

叶柄及羽轴基部有膨大的叶枕。

叶柄基部具蚌壳状、肥厚略木质化的大型托叶，老叶脱落后，托叶仍然存在，且成对密生于茎上，宛如莲花座。

生态视窗

热带雨林的标志性蕨类

合囊蕨科以热带雨林为主要分布范围，是热带雨林的标志性蕨类。在亚热带地区则大多出现在沟谷环境两侧，具有较成熟森林之山坡地。这种情况在台湾尤其常见，因为台湾的地质年纪很轻，较多陡峭挤压的山地，沟谷地方由于较保温保湿，有点像热带雨林的环境，所以台湾的合囊蕨科植物多半出现在山沟谷两侧潮湿森林之下。不过，通常这种环境不会大面积出现，也就是说，台湾的热带雨林环境呈现零星分布的状态，此显示台湾正位于热带雨林分布的边缘。

●兰屿观音座莲常见生长在沟谷两侧山坡，是兰屿热带雨林环境的标志性植物。

演化舞台

观音座莲的重演现象

所谓重演，就是植物在成长的过程将整个家族的演化历史再次呈现一遍。观音座莲即具有重演的现象，也就是说，观音座莲在发育的过程中，叶片形态是从一般认为较原始的一回羽状复叶慢慢变成二回羽状复叶。由此大家也会比较容易了解，为什么合囊蕨科里面一回羽状复叶的种类在过往被称为原始观音座莲属。很多生物的发育过程也都有重演的现象，重演是研究演化的线索之一。不过也有研究指出，演化也有可能由复杂回归简单。

●观音座莲植株发育过程中，往往可发现部分叶片展现由一回变为二回的过渡阶段特征。

特殊的无性繁殖现象

有许多种较大型的合囊蕨科植物，当植株长到非常巨大时，叶柄基部老茎上的托叶会自行脱落，且肥厚的托叶上会出现小芽，向上长出丛生的叶子，向下长出根。据报道，有少数种类的合囊蕨科植物少见长孢子囊群，反而较常看到利用分离的托叶繁殖下一代，因此，园艺界常利用此一特性来繁殖培育合囊蕨科蕨类。在兰屿，我们常可见到合囊蕨科中的兰屿观音座莲从脱落的托叶上长出小植株，而产于台湾本岛的观音座莲则较少见。

像伞骨一般的回脉

由于合囊蕨科植物大多是热带雨林下的地生大型草本植物，巨大而分裂的叶子可以掳获最多的阳光，并且将病虫害的影响减至最低。有些种类，例如观音座莲，在叶缘相邻的两条小脉之间会有一条不和其他脉相连的“回脉”，由叶缘的方向向主脉的方向延伸，它是由许多厚壁细胞所构成，就像伞骨一般，协助叶子的小脉将叶片平展，增加阳光的接触面。回脉和真脉不同，正常的叶脉应该彼此相连接，如此才能输送根部所吸收的水分和矿物质，以及叶子所制造的养分。而回脉却不具输送功能，因此又称“假脉”，这是观音座莲属、少数的膜蕨科及凤尾蕨属植物所独具的特征。

控制水分进出的叶枕

合囊蕨科蕨类的叶柄及羽轴基部具有膨大的叶枕，就像种子植物中的合欢一样，可因应环境变化来控制此处水分的进出。叶枕内部仅具薄壁细胞而不像叶子其他部分多少都具有厚壁细胞，因此当环境缺水，叶枕会较其他部分更易萎缩。稍微干旱时，轻度萎缩的叶枕会调整叶子全部或部分的角度，以减少阳光的照射面；极度干旱时，合囊蕨科可借着极度皱缩的叶枕而将小羽片、羽片或整片叶子下垂或甚至脱落，以减少水分的散失。

观音座莲的羽轴连接叶轴处具有膨大的叶枕。

具有一回羽状复叶的合囊蕨科植物过往被认为是比较原始的特征。

蕨类与人

合囊蕨科的利用

热带雨林地区在食物缺乏时，当地的土著会收集合囊蕨科的大型托叶及块茎作为淀粉来源。新西兰的毛利人也有类似的行为，甚至雨林地区的野猪也经常挖掘合囊蕨科的茎及托叶食用。此外，在雨林中生活的土著也会利用托叶及部分的茎酿酒及制作芳香油，或用羽片作节庆时的头饰，用大型的叶片铺设临时性的床垫；近代西方国家的园艺界，或许是欣赏其巨大丛生的热带叶形，目前已经将合囊蕨科的部分种类“驯化”，作为庭园中的景观植物。

紫萁科

Osmundaceae

紫萁科最奇特之处，就是大部分种类长孢子囊的地方都看不到叶片，孢子囊就直接绕着脉生长，这与其他薄囊蕨类长在叶背的情形可说是大异其趣。不过，紫萁科最重要的关键特征，其实是它圆球形且顶部开裂的孢子囊(见第 32 页)。

观察粗齿紫萁

粗齿紫萁是紫萁科的蕨类中最容易看到的一种，常出现在低海拔森林边缘潮湿的溪沟旁。它属于常绿性，是紫萁科中不在秋冬落叶的一种。从名字就很容易想像它的外观特征：革质的羽状复叶，羽片边缘呈粗锯齿形。而黄澄澄的孢子囊缠绕着不长叶肉的叶脉生长，此特征则是整个紫萁科令人一见就难忘的“族群图腾”。

孢子羽片较靠近基部，脉与脉之间有叶肉，而孢子绕着小脉生长。

紫萁科档案

外观特征： 茎粗短、直立；叶丛生于茎顶，一至二回羽状复叶；叶柄基部呈翼状；羽片和叶轴之间具有关节的外形，但无关节的功能；孢子羽片没有叶肉，孢子囊绕着叶脉生长；植株不具鳞片，但幼叶通常被覆棕色绵毛；叶脉游离。

生长习性： 概为地生型植物，少数种类生长于湿地环境。

地理分布： 广泛分布于世界各地，温带地区种类较多。

种数： 全世界有 3 属约 18 种。

叶脉游离，呈多次不等边的二叉分支。

一回羽状复叶的粗齿紫萁，叶质地坚硬，常只长在近郊山区的沟谷地山壁。

生态视窗

会落叶的蕨类

蕨类植物给人的感觉是常绿的植物，因为一年四季都看得到它，加上它的主体是绿色的叶子，没有五颜六色的花朵，因此成了绿的象征。但常见的 4 种紫萁科蕨类中，除了粗齿紫萁，其余 4 种却全都是落叶性，就和落叶树一样，随着四季温度变化，于秋天落叶，在春天展露新芽。

分布于中、低海拔的紫萁，具有二回羽状复叶的叶片，秋冬之际，叶子则全数凋萎。

蕨类与人

蛇木屑的代用品

蛇木板、蛇木屑、蛇木柱及蛇木盆是常见的园艺用品，一般用来养兰，或种植一些附生型或爬藤类的植物。不过在温带地区，由于不产蛇木（笔筒树），所有蛇木类制品必须进口，价格十分昂贵，人们便想到利用温带地区极为常见的紫萁类植物的茎及须根来替代，因为茎上具有叶柄基部的碎片，如此一样能达到通气又可保湿的目的，而且价格便宜许多。由此可知，观察一个地区人们日常生活所使用的植物材料，也是了解当地自然环境的好方法！

海金沙科

Lygodiaceae

海金沙常被误认为莎草蕨，一个属于叶轴可无限生长的海金沙属，另一个属于长得很像一般杂草的莎草蕨属。但前者十分常见，后者则仅零星分布于南部热带森林里。这两群的外观差异极大，唯一的共同点是它们都具有橄榄球形的孢子囊。

观察海金沙

海金沙长在地上，它的茎为根状横走，一般不太引人注意；但它的叶呈蔓藤状，反而常被误认为茎，其实地上部分常只是一片不断延长的叶子，如果被它攀附的树有十几米高，这片叶子就有可能长到十几米长。海金沙羽轴顶上的休眠芽会在下一个生长季复苏，长出类似叶子主轴的分枝以及新的顶端有休眠芽的羽轴，因不断分支与彼此缠绕，最后交织成一片海金沙绿网。海金沙需要较多的阳光，但又要有所攀附依靠，所以森林边缘是它最佳的生长居所。

海金沙科档案

外观特征：有橄榄球形、几近无柄、一侧顶生环带的孢子囊。植物体叶轴可无限生长，羽轴顶端具有休眠芽；或是植物体呈禾草状，顶端具指状附属物。

生长习性：地生型植物，有些种类叶为攀缘性，蔓生。

地理分布：分布于热带至暖温带，少数种类非常稀有。

种数：全世界有 4 属约 170 种。

休眠芽附近二叉的小羽片各自呈现二回羽状复叶的外形。

孢子囊二列并排于末回小羽片叶缘的指状突出物背面，具孢膜，每一孢膜内只有一个孢子囊。

海金沙的叶轴可无限生长，看起来就像是一般藤本植物的茎。

演化舞台

橄榄球形的孢子囊

不管是蔓生的海金沙或是禾草型的莎草蕨，它们都具有长得像横放的橄榄球一般的孢子囊。全世界现有的蕨类中，只有海金沙科与莎草蕨科孢子囊的环带位于橄榄球形孢子囊一边的尖端，而环带在丧失水分时带动孢子囊的开裂，因此它们的孢子囊是顶端开裂。由于短柄或几乎无柄，而且如此构造之环带无法让孢子囊开裂时产生任何弹力，所以这对孢子的传播并无太大助益。这可能是早期演化过程的产物，也因此海金沙科被列为较原始的薄囊蕨类。

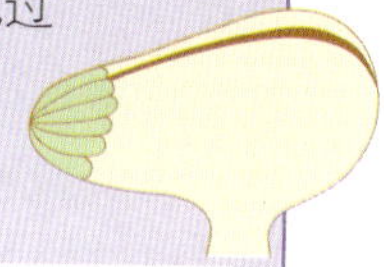

海金沙的重演现象

我们常见海金沙的叶子蔓生在其他植物的身上，但是幼株的叶子却不具攀缘性，而是一片极普通的蕨叶，跟常见的凤尾蕨有些类似。等到植株愈趋成熟，此时长出的叶子才产生变化，叶轴变长，顶端也开始缠绕攀爬。由胚胎重演说的观点来看，海金沙是由叶轴不会缠绕的祖先演化成今天的样貌，而它生长的过程则将此现象又重演了一遍。

蕨类与人

海金沙锅刷

早年大家庭所使用的锅比现在大好几倍，很不容易清洗，那时也没有像今天一样有各种人造的清洁工具可供选择。因此屋外随处可见的海金沙，因具有无限生长的叶轴，材质也软硬适中，聪明的先民就把它取来绑成一束当锅刷使用，不但方便，而且也十分环保呢！

其实，懂得利用海金沙叶轴的不仅仅是人类！台湾蓝鹊还将它当作编织鸟巢的好材料呢！

里白科

Gleicheniaceae

里白科蕨类分成两群，一群叫芒萁，一群叫里白。它们共同的特点是在叶主轴的顶端有一个休眠芽。只要看到叶主轴顶端有休眠芽的植物，必然是里白科的成员。大多数种类的休眠芽还有苞片保护呢！

观察芒萁

芒萁除了叶主轴顶端有休眠芽外，其他侧轴顶端也有休眠芽，换句话说，它的叶子是不断重复的假二叉分枝。等到来年春天，休眠芽就会长出一个个新的轴。这是芒萁外观上最大的特色。芒萁和五节芒一样是较干旱贫瘠环境的标志性植物，尤其在火灾过后的荒野空地，常可见到成片的芒萁生长，这也意味着芒萁具有水土保持与改良土壤的功能。

叶主轴和其他侧轴顶端都有休眠芽，并有苞片保护。

幼叶呈卷旋状。

里白科档案

外观特征： 地下茎为根状横走；叶主轴顶端有休眠芽；最末分叉羽片呈现一回或二回羽状深裂的形态；叶脉游离；孢子囊群着生脉上，属齐熟型，无孢膜。

生长习性： 常成丛出现，生长在开阔地；部分种类生长在森林边缘或森林里，并形成攀缘性植物。

地理分布： 分布于热带地区。

种数： 全世界有5属约130种。

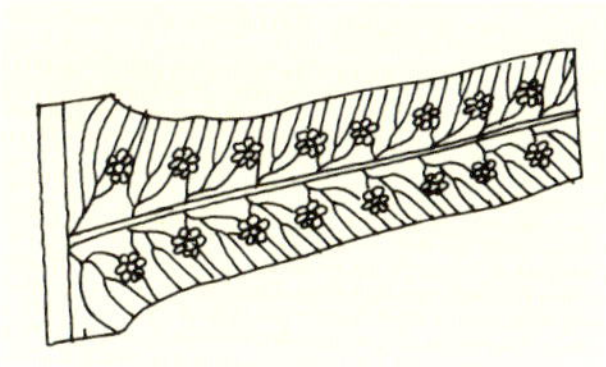

具有休眠芽的蕨类

识别锦囊

全世界的蕨类植物当中，在叶主轴或侧轴顶端有休眠芽的只有两个科，即莎草蕨科海金沙属和里白科。海金沙属植物其休眠芽出现在侧轴（即羽轴）顶端，叶主轴顶端并无休眠芽；而里白科的叶主轴顶端则一定具有休眠芽，这是该科的必要条件，有时其侧轴也会同时具有休眠芽。

水果篮

蕨类与人

送礼用的水果篮多半使用天然具有弹性的植物枝条来编织，而芒萁就是其中之一。使用的部分是芒萁的叶柄及分叉的侧轴。这些枝条很长，不但具有褐色光泽，还可以弯曲，加上材料取得容易，因此常被利用。早年在乡下，人们还使用芒萁骨作为大灶生火时引火的燃料呢！

朴拙可爱的芒萁水果篮。

芒萁常成丛出现在低海拔林缘或山间小路旁，是重要的先锋型植物。

膜蕨科

Hymenophyllaceae

膜蕨科蕨类的生长习性和苔藓很相近，有些种类甚至连外形都很相似。它们的共同特征是叶片都很薄，呈薄膜状，除了叶脉外，只有一层细胞，没有表皮和叶肉的区分，也没有气孔，因此，它们必须生活在很潮湿的环境中，直接利用叶面来吸收水分和交换气体。膜蕨科蕨类一般都生长在低海拔阔叶林下山沟旁边，另外，在海拔 2000m 左右的雾林带亦可发现它们的踪影。

观察团扇蕨

低海拔地区的膜蕨科植物较常出现在阔叶林下阴暗潮湿处，尤其是山沟边腐殖质丰富的地方。但是其中有一种，样子像是一只只绿色的小团扇，却喜欢生长在溪谷地的大岩壁或是阔叶林下的树干、巨石上，且经常成群出现，仿佛绿色的草垫般，它就是团扇蕨，是低海拔地区最常见的膜蕨科家族成员。

膜蕨科档案

外观特征： 叶片很薄，除脉以外仅具一层细胞。有些种类在真脉之间还具有假脉。孢子囊群生于叶缘、脉的末端，由管状或二瓣状孢膜所保护。

生长习性： 常生长在空气湿度近百分之百的环境，雾林或阔叶林林下阴湿的角落是它们的最爱，附生、岩生或地生都有可能。

地理分布： 分布于热带至暖温带潮湿多腐殖质的阔叶林。

种数： 全世界有 8 属约 600 种。

穿过叶缘且由孢膜保护的脉

膜蕨科植物的末裂片只有一条脉，孢子囊群就生长在穿出裂片顶端、由脉形成的孢子囊托上，周围再由管状或二瓣状的孢膜保护。而生长在孢子囊托上的孢子囊越老的越靠外侧，越年轻的越靠近底部，这种由年幼到年老有一定的排列方式的孢子囊称为渐熟型孢子囊，有别于芒萁或观音座莲的齐熟型孢子囊，但这两者都是较原始的蕨类才有的特色。

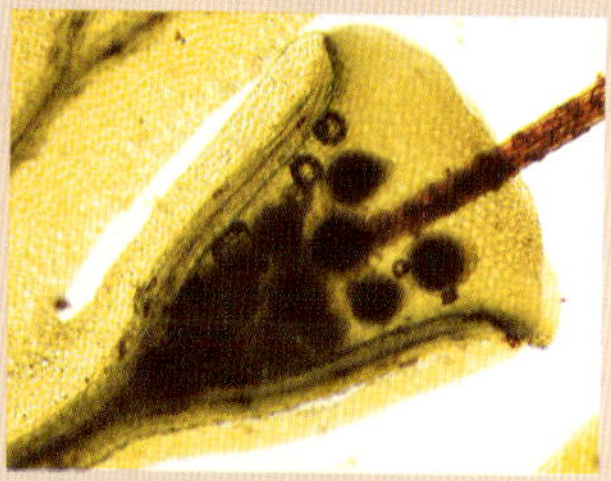
膜蕨科的孢子囊托其实是裂片中脉往外伸出的衍生物。

团扇蕨喜欢生长在湿度较高的地方，常成群呈垫状出现。

像风筝骨架的假脉

生态视窗

膜蕨科蕨类因为叶肉既薄且软，所以有些种类就演化出假脉，例如假脉蕨属里的假脉蕨群就有这项特征。这种脉是由厚壁细胞所构成，通常位于真脉之间，有些种类则位于叶缘，其功能就好像风筝的骨架一样，可以将叶肉撑得比较挺，使光合作用及气体的交换更有效率，但它并无输送水分等功能。假脉的排列方式也是区别种类的重要特征。

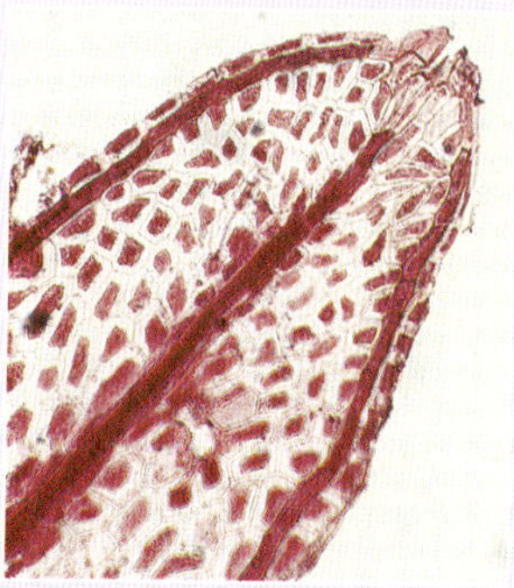
假脉无输送的作用，所以和中间的主脉无任何关联。（图上沿裂片边缘的红线即为假脉）

蚌壳蕨科

Dicksoniaceae

蚌壳蕨科的科名源自于这群蕨类的孢膜不只外形长得像蚌壳一般，就连质地都很坚硬，且常成对出现，而一般蕨类的孢膜则都较柔软，大多数也都不成对出现。此科另一个很明显的外观特征则是，它们的茎与叶柄基部都长满了金黄色的毛，所以也称为金狗毛蕨。

观察金狗毛蕨

金狗毛蕨在低海拔地区算是常见的蕨类，喜欢生长在岩壁环境。它的复叶不小，根茎与叶柄基部的密毛呈华丽的金黄色，而羽片基部两边不对称，朝下一侧会缺少2~3片小羽片。蚌壳状的孢膜在成熟开裂时尤其明显。

●金狗毛蕨常成群出现，在巨岩上或是较多石块的山坡地尤其常见。

蚌壳蕨科档案

外观特征： 根茎粗大横走，半埋于地下，茎与叶柄基部都密布金黄色毛；叶大型，长可达2~3m，三回羽状深裂，叶脉游离；孢子囊群着生于相邻两末裂片的凹入处，位于脉的末端，且就在叶缘的位置；孢膜蚌壳状，将孢子囊群包被在内。

生长习性： 常生长在林内较突出的巨岩上，或石块较多的山坡地。

地理分布： 分布于热带至亚热带山区等低海拔地区。

种数： 全世界有5属35~40种。

“金毛狗”的原貌

蕨类与人

过去我们在郊外风景区常见售卖一种叫金毛狗的小摆饰，一身金黄色的毛，贴上两只人造眼睛，看起来就像是一只毛茸茸的小狗，有人还将这种金毛当做止血伤药来用！其实“金毛狗”就是金狗毛蕨的一部分：“狗身”是蕨株的地下茎，4 只脚是剪断的叶柄，有的还有一对耳朵，那是它卷曲的幼叶。一只“金毛狗”便是一株有生命的金狗毛蕨，思及此，大家还买得下手吗?

“金毛狗”其实是金狗毛蕨的一部分。

桫椤科

Cyatheaceae

台湾的阔叶森林中，常可看到恍如恐龙活跃时期的树木状蕨类：大型羽状的蕨叶、直立的树干，像是一支支撑开的绿伞。这是其他地方不容易看到的景象，这些树木状的蕨类主要是桫椤科的成员。

观察笔筒树

高大的笔筒树是海拔 1500m 地区的常见植物，也是桫椤科中最为人所熟知的种类。它喜欢生长在潮湿的向阳开阔地，但潮湿又向阳这两个条件不太容易同时存在。笔筒树茎干可达 6m 多，胸径约 15cm，分布在菲律宾、日本及中国，多成片生于林缘、路边或山坡向阳地段，树干修长、叶痕大而密，异常美丽。笔筒树的老叶脱落后，会在树干上留下一个个疤痕，整个树干看起来像是一条蛇，所以又有蛇木这个别称。

叶柄黄绿色，基部密布金黄色的鳞片。

幼叶旋卷状，为金黄色鳞片所保护，宛如毛茸茸的问号。

茎直立，具有明显的树干，基部满布厚层的黑褐色气生根。

桫椤科档案

外观特征： 茎一般非常显著，粗大且直立，少数种类的茎较不明显，斜上生长，挺空的树干通常单一不分叉，表面密布厚层的气生根。叶大型，2~3 回羽状深裂，集生茎顶，叶柄基部密布鳞片。叶脉游离。孢子囊群长在突出叶面的孢子囊托上，圆形，脉上生。

生长习性： 全部为地生型，生长在林下或开阔地。

地理分布： 多分布于热带雨林区的高山上。

种数： 全世界有 1 属 600~650 种。

孢子囊群圆形，孢子囊长在突出叶面的孢子囊托上，位于裂片侧脉的中央，无孢膜。

叶大形，长可达3m，三回羽状深裂。

裂片之侧脉游离，至多分叉一次。

老叶脱落后，在树干上留下略呈三角状的椭圆形叶痕。

笔筒树喜爱生长在潮湿向阳的山坡地，常成群出现，形成笔筒树林的特殊景观。

台湾是“侏罗纪公园”

生态视窗

台湾拥有成片的笔筒树林景观，还有其他各种树蕨，类似棕榈的树木状蕨类在侏罗纪时代最兴盛，因此有人形容台湾是今日的“侏罗纪公园”，就地质史与世界地理分布的角度来看，其实都相当特殊。当2亿多年前种子植物出现地球后，树木状蕨类因无法与其竞争而逐渐被淘汰，今天世界上可以找到此类植物的地方主要在赤道热带雨林地区、海拔大约2000m的高山环境，而纬度每增加10°，相似的环境即下降海拔1000m左右，到了北回归线附近更下降至低海拔及平地一带，可是这个纬度所经地区主要属于沙漠带或是季节性干旱、有落叶树的热带森林，都不适合树蕨类生长，然而台湾北部地区因多雨，具有类似热带雨林高山的生态环境，孕生出成片的笔筒树林，重现侏罗纪风光。

所谓树蕨

树蕨其实只是一个统称，泛指一群具有明显“树干”的蕨类。除了桫椤科的大多数种类外，乌毛蕨科的假桫椤、苏铁蕨和蹄盖蕨科的过沟菜蕨偶尔也会长得类似小树状。它并不是一个自然的分类群。

●状如棕榈科植物的笔筒树，其成林的景观，令人乍见之下，恍如回到侏罗纪。

没有年轮的树木

年轮是判断树木年龄最好的依据，可是全世界的树木只有松、杉、柏类及双子叶木本植物，在茎的横切面可以看到年轮。年轮的形成是因为这一类的树木在靠近树皮的地方有一圈形成层不断向内分裂细胞，由于秋冬及春夏季所生长出来的细胞大小、颜色都不同，于是产生一圈圈的形状。

在热带雨林中，因为没有季节之分，所以木本植物看不出年轮，也就不知道它们有多少岁；而笔筒树则连形成层都没有，当然更没有所谓的年轮了。只会往上长高的笔筒树要在多台风的岛屿生存委实不易，幸好在长期的演化过程中，笔筒树会随着年龄的增长，由基部往上不断发展出气生根，最后形成厚厚一层围住树干，使笔筒树即使没有形成层，也不易断裂倒塌。

我们如何知道没有年轮的笔筒树有多少岁呢？这可以去算算笔筒树树干上有多少个叶痕，再从它1年会掉落多少片叶子去推算。譬如，假设一棵大笔筒树有100个叶痕，而它1年掉落10片叶子，如此你就可以推算出这棵笔筒树有多少岁了。

●从笔筒树的树干横切面，可以看出它的茎很小，而且中空，其厚实的外层其实是由诸多纠缠不清的气生根所形成的。

●属于裸子植物的黄杉，其树干横切面可见明显的年轮。这是蕨类植物所不具备的特征。

树裙的妙用

台湾桫椤与笔筒树都是台湾最常见的树蕨类植物，但台湾桫椤不像笔筒树生长在空旷处，而是长在森林之中；它的老叶也不像笔筒树一样会脱落，而只是围绕着树冠下垂，仿佛穿着草裙般。这些现象的背后其实都有特殊的生态意义。

在亚热带或热带地区，次生林下层的蔓藤类植物特别多，常常爬到乔木上面，以便争取更多的阳光，但如此一来，较小的乔木则因被遮光而无法生存。此时，台湾桫椤的“树裙”就发挥它的妙用了：当蔓藤沿着树裙往上爬时，蔓藤本身的重量使得树裙因过于吃重而脱落，自然蔓藤也随着掉落地上；等到蔓藤再次往上爬时，又有树裙垂下，静待下一次上爬，蔓藤爬上来，树裙又脱落，如此这般，蔓藤永远没办法爬到树顶上面。所以树裙可说是台湾桫椤防止蔓藤爬到树顶“争光”的重要生存机制。

●台湾桫椤属于次生林下的小乔木。叶柄长刺、茎顶深褐色，以及其赖以生存的树裙，是三项主要的辨识特征。

蕨类与人

笔筒树的利用

笔筒树是较广泛利用的蕨类，如园艺用的蛇木盆、蛇木柱、蛇木板、蛇木屑等，即是利用笔筒树纠缠交结的气生根制作而成。过去曾大量外销，销路很好，甚至还引起国际的指责，因为树木状的蕨类是侏罗纪的标志，且这类植物相当稀少，大多数国家都将其列为保护类植物。早期，笔筒树的树干有时也被用来做便桥或工棚的支架，今天在乡下还偶尔可见呢！

●等待出售的笔筒树制品，其价值可能远高于未来栽种在上面的植物。

识别锦囊

从栖地分辨桫椤科蕨类

桫椤科蕨类除了笔筒树及南洋桫椤之外，其他多数都是耐阴性的属于森林下层的植物。有位于林冠第二层的台湾桫椤；也有位于灌木层和草本层的种类，如鬼桫椤为典型的林下灌木层植物，而韩氏桫椤则为典型草本层植物。

以地理分布来看，兰屿桫椤顾名思义仅见于兰屿成熟森林的灌木层，南洋桫椤仅见于屏东及台东两县交界处浸水营一带，生长在开阔雾林的空旷处。就数量来看，全台湾数量最多、最常见的种类是笔筒树和台湾桫椤，鬼桫椤居次。

瘤足蕨科

Plagiogyriaceae

瘤足蕨科是一群较古老的蕨类，因为它的植物体没有毛也没有鳞片，而且只生存在热带、亚热带高山地区的森林中。它们的叶柄基部都具有瘤状突起，是气孔集中的地方，很容易辨识，这也是瘤足蕨科科名的由来。

观察 华中瘤足蕨

瘤足蕨科植物一般生长在较高海拔、云雾环绕的地区，而华中瘤足蕨则是其中少数在较低海拔较常见的种类。一如其他种类的瘤足蕨，它整个植物体看起来很光滑，完全没有毛及鳞片；它也具有多数本科蕨类都有的“喷泉状”生长型，即丛生的两型叶，营养叶在外圈，并向外侧弯曲；孢子叶在中心，直立生长。当然，它叶柄基部的瘤突也很明显，甚至一直持续分布到基部羽片与叶轴的交接处。

瘤足蕨科档案

外观特征： 植株无毛无鳞片；茎短而直立，少数种类具横走茎；叶柄基部常向两侧展延形成翼状，通常宿存，并具瘤状的通气组织；一回羽状深裂或复叶，叶两型，叶脉游离。

生长习性： 地生型，喜欢生长在腐殖质较丰富的森林下。

地理分布： 分布在热带、亚热带高海拔的森林下层。

种数： 全世界有1属40~70种。

孢子叶羽片革质，孢子囊全面着生，由略微反卷的叶缘所保护，成熟时颜色由绿转褐。

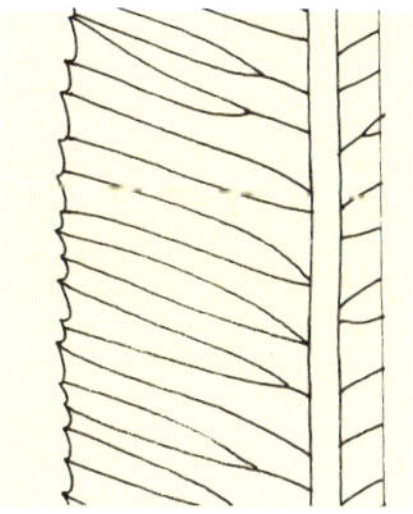

营养叶为一回羽状复叶，中间及基部羽片具短柄，顶羽片基部常有1~2个裂片。

羽片的侧脉游离，最多只分叉一次。

叶柄基部有突出的瘤突，是通气组织。

生态视窗

雾林带指标

瘤足蕨科的蕨类通常生长在热带地区 3000m 以上的高山，或亚热带地区 2000m 左右的山区云雾带。而后者正是台湾桧木最多的地区，所以瘤足蕨科可说是台湾雾林带的标志性植物，看到它时大概也就可以看到云雾和桧木。

台湾有许多第三纪数千万年前的孑遗植物（见第 127 页），如台湾杉、香杉、红豆杉等，也都分布于桧木林带或气候上类似的地区。至于为何这些具有古老血缘的植物大都选择桧木林作为栖身之所呢？推测可能是因为台湾目前桧木林的环境极类似数千万年前第三纪的环境，具有凉爽、潮湿的气候。而瘤足蕨科竟与第三纪的孑遗植物生长在同样的环境中，由此可知它也是属于较古老的族群。所以当我们谈桧木林保护之时，千万不要忘记，除了桧木之外，还有许多重要的物种也生在其中哩！

华中瘤足蕨常长在林下富含腐殖质且空气湿度较高之处。

双扇蕨科

Dipteridaceae

双扇蕨科的外形乍看之下就像是两支并排在一起的破折扇，也像是一把边缘被撕裂的破雨伞。仔细观察它的叶和主脉则都是两叉分枝的形态，这意味着它是一支比较古老的蕨类族群，因为2~4亿年前，叶片二叉是植物普遍存在的现象。目前全世界双扇蕨科总共只有8种。

观察双扇蕨

开车经过北宜公路，在较高海拔处常会发现路旁长着一大片绿色的“破雨伞”，它就是别称“破伞蕨”的双扇蕨。这种侏罗纪时代之前就出现在地球上的古老蕨类，常在土层浅薄的岩壁成群蔓生，喜欢空气湿度高却向阳开阔的环境。

由于双扇蕨的根茎长而且横走，故常发现其成群出现。

幼叶卷旋，仍可看出扇形的叶片上，密被着金黄色细毛。

木质化的长横走茎上满布细长、坚硬的黑褐色鳞片。

双扇蕨科档案

外观特征： 木质化根茎呈长横走状，其上密布狭长、质地坚硬的深色鳞片；叶在茎上散生，叶柄较叶片长，叶片呈多回二叉撕裂状的复叶，第一回分裂最深，几达叶片基部，其余的分裂均较浅；主脉也呈二叉状分枝，细脉结合成网状，网眼具游离小脉；孢子囊群圆形，远小于一般真蕨类，散生在叶背。

生长习性： 常长在雾气较重的空旷地区，如路边坡地、岩壁缝隙或有土壤的大石上。

地理分布： 分布于东亚南部及东南亚，澳大利亚及斐济群岛亦曾发现。

种数： 全世界有1属8种。

孑遗植物

演化舞台

双扇蕨科的蕨类被称为“孑遗植物”，即远古存留至今的植物类群，因为它们远在侏罗纪之前，约 2 亿 4500 万年前就出现在地球上了。当时它们是属于全球性分布的类群，因为科学家在世界上许多处 2 亿多年前的地层都曾找到双扇蕨科的化石。不过，今天它们的分布范围变小了，全世界只分布在亚洲沿海一线——从日本南部直到澳大利亚东北部，这显示双扇蕨科经过二三亿年的环境变迁，再加上受到各种新的、更能适应当今环境的其他植物类群不断出现的影响，因而逐渐退缩所产生的结果。

燕尾蕨科

Cheiropleuriaceae

燕子的标准体型是具有像剪刀一样的尾巴，而蕨类植物中也有类似的二叉叶形，它就叫做燕尾蕨。燕尾蕨科全世界只有一种，所以看到这种样子的一定就是它。不过，有时二叉叶形不明显，就必须靠其他特征来协助辨识了。

观察燕尾蕨

燕尾蕨分布在中、低海拔天然阔叶森林的地被层，尤其是林下山坡地，它喜欢生长在不太潮湿的中性环境，而山谷则是它较不喜欢的环境。燕尾蕨叶片以不分叉居多，但只要看到革质的卵形营养叶与细长且密布孢子囊的孢子叶，应该就是它了；如果再细察其还算明显的脉相，则更能确认无误。

孢子叶厚革质，细长，孢子囊像散沙状分布在叶背，不具孢膜。

营养叶厚革质，卵形，有些顶端分裂呈燕尾状。

营养叶基部具有
条由叶片基部分
的主脉，细脉呈
状，网眼内尚有
离小脉。

燕尾蕨科档案

外观特征：根状茎横走，密被黄棕色多细胞毛；叶丛生，革质，有孢子叶与营养叶之分，营养叶卵形，顶端有的呈燕尾状；孢子叶细长披针形，孢子囊全面着生于叶背。最大的4条主脉，由叶片基部分出，明显呈二叉分枝；细脉则连结呈网眼，网眼中尚有游离小脉。

生长习性：生长在天然阔叶林下坡地，属地生型植物，也偶见于岩缝中。

地理分布：主要分布在东亚及东南亚。

种数：全世界仅1属1种。

燕尾蕨常见生长在林下山坡环境，且常成群出现。

演化舞台

燕尾蕨科的分类地位

独一无二的燕尾蕨科蕨类与其他的蕨类相比较，以双扇蕨科和它最接近，最明显的就是两者都拥有二叉分枝的叶片及主叶脉。此外，还有一些微细的形态特征，像孢子囊相互之间都可发现毛状物，又如两者都具有较短的孢子囊柄，且孢子囊都具有近乎垂直的完全环带。从孢子囊构造的角度来判断，燕尾蕨与双扇蕨应该都归属原始薄囊蕨之列。但除此之外，它们在茎的构造、孢子囊的排列方式，以及孢子与遗传物质方面则大异其趣，因而又分属不同的科别。

燕尾蕨科和双扇蕨科蕨类也曾一度都被归为水龙骨科，因为表面上看起来这两科蕨类与水龙骨科植物也有点像，例如孢子囊不具孢膜的保护构造，以及叶为网状脉且网眼中可见游离小脉等。不过后来学者则相信这两者与水龙骨科乃是趋同演化的结果，只要检测其遗传物质便可分晓。燕尾蕨和双扇蕨一样可能都是属于孑遗性的蕨类，它的亲朋好友在漫长的演化过程几乎全部都消失了。

碗蕨科

Dennstaedtiaceae

碗蕨科蕨类的共同点是，所有种类植株都不具有宽阔的鳞片，大多数在植物体上，尤其是茎及叶柄基部有毛；而孢膜的形状则以碗状和杯状居多，也有些种类具有反卷的假孢膜或无孢膜。本科有不少是空旷地或次生林下常见的蕨类，也有不少种类具有基部羽片相当成熟，而叶片上半部仍显现卷旋状幼叶的特征。

观察粗毛鳞盖蕨

具有口袋状孢膜的鳞盖蕨类，在碗蕨科中，不管是种类或数量都最多；而其中的粗毛鳞盖蕨，则是低海拔地区空旷的次生林及人工林下最常见的种类。它的叶子，尤其是叶背，摸起来很粗糙，主要是因为叶背的小脉突出叶面之故。在类似的生存环境中还有另一种鳞盖蕨——热带鳞盖蕨，但前者为二回羽状复叶，植株较硬挺，后者为三回羽状复叶，叶片草质，常呈现出“垂头丧气”的外貌。

●粗毛鳞盖蕨是都市近郊低海拔山区常见的蕨类，叶片的生长姿态较热带鳞盖蕨硬挺。

碗蕨科档案

外观特征：根茎横走，多数上覆多细胞毛；稀为茎斜上生长，且植物体不具毛。一至多回羽状复叶，多数种类具游离脉；孢子囊群靠近叶缘，在一条脉的末端，孢膜为杯状或碗状，或在多条脉末端，为由叶缘反卷的假孢膜所保护；也有少数种类不具孢膜。

生长习性：地生，极少数种类的叶子呈蔓生的藤丛状，或长在岩屑地的岩缝中。

地理分布：分布于热带至暖温带地区。

种数：全世界约有 12 属 180 种。

叶脉游离。

叶背小脉突起，且密布粗毛。

孢子囊群位在叶缘、一条脉的末端，具有杯形孢膜。

●叶表光滑无毛。

●叶为二回羽状复叶。

●幼叶密布多细胞毛。

●茎长匍匐状。

演化舞台

从毛与鳞片看演化脉络

从蕨类身上的毛被物其实也能看出演化的脉络，如紫萁、瘤足蕨等科和碗蕨科的稀子蕨属，因无真正的毛，而被视为较原始的一群；往后提到的，如凤尾蕨、鳞毛蕨、金星蕨等科，因具有鳞片，被视为较进化的一群；至于碗蕨科大部分的种类则因都“有毛或有毛状鳞片且全部不具宽鳞片”，而被视为演化的中间过渡型，而这点也正是碗蕨科最重要的特征。

生态视窗

栗蕨是火山植物

火山口附近，最常见的植物除了芒草以外，就是栗蕨了，因此“栗蕨是火山植物”的说法就不胫而走。其实栗蕨是中、低海拔地区常见的碗蕨科植物，为什么火山口环境的栗蕨就特别引人注意呢？因为火山口环境长年喷气蒸熏，周围土地含硫量特别高，呈现极端酸化的现象，一般植物无法在此发育生长，只有栗蕨和芒草对恶劣环境的忍耐力特别高，一旦让它们有机会进驻，由于没有其他的竞争者，就繁衍得特别快，形成极为特殊的景况。

●在极端酸化的土壤上，栗蕨是少数能适应生存的植物之一，由于缺乏竞争者，故常占据广大范围。

攀缘性蕨类

在高等植物中，攀缘的现象被认为是演化上较进步的特征，因为高大的树木必须花许多时间与能量才能长到十几米高，而攀缘植物却可以利用较少的能量，在较短的时间内长到同样的高度，并进行光合作用。

不过高等的攀缘植物一般都具有极明显且挺空的茎，而攀缘性的蕨类大部分却只看到叶子，也就是说，植物体增长的部分是叶而不是茎。因为叶轴的支撑力量远不如粗大的茎，所以除了海金沙可以长得较高外，其他都呈较低矮的灌丛状，如芒萁、里白及碗蕨科的刺柄碗蕨。

刺柄碗蕨在叶柄、叶轴、羽轴等处具有倒钩，可用来攀爬在其他植物上，加上它具有横走茎，所以叶子常成群出现并相互缠绕。

●刺柄碗蕨植物体因具有倒钩，可攀爬至其他植物上面，常呈蔓生状出现。

用心良苦的繁衍术

稀子蕨是碗蕨科中十分珍稀的物种，只挑选生活在中海拔的云雾带阔叶林下，全世界仅分布于喜马拉雅山东部及中国台湾。它最特别的地方是，叶轴中段会长出像小拳头般的不定芽，随着不定芽的成长变重，叶片逐渐被压弯，直到碰到地面，芽才长根，然后和母株分开。不过，有时候长大的不定芽，当重到某一程度时，也会自行脱落。因为稀子蕨的不定芽不是在叶轴顶端或末段，芽必须长到很大才能碰到地面，而且不定芽的数量也不多，所以这真是一种相当辛苦的生殖法。在溪头、阿里山等森林景区，我们都可以看到这种为了生存而用心良苦的蕨类。

●稀子蕨的小拳头状不定芽常见生长在叶轴的表面，偶尔也会长在羽轴上。

识别锦囊

下羽片成熟、上羽片幼嫩的蕨类

碗蕨科中的栗蕨、姬蕨、蕨和刺柄碗蕨有一个形态上的共同特征，是世界上其他科蕨类所没有的，那就是它们的叶片在发育的过程中，最基部的羽片最先展开，但直到最基部羽片已发育成熟，叶片上半段仍处于旋卷状的幼叶阶段，形成叶片上下非常不对称的奇特画面。

●姬蕨和蕨、栗蕨一样，其叶片最基部一对羽片常先发育成熟，而同一片叶子的其他部分仍维持旋卷状的幼叶状态。

蕨类与人

小心食用“瓦拉米”

碗蕨科的蕨属是向阳性的草本植物，主要分布在温带地区。常见的碗蕨有两种，一种生长在中、高海拔地区，毛较多；另一种生长在低海拔地区，植株较为光滑。

蕨的幼叶明显可见三分叉，基部的两个分叉是较早发育的两片羽片，剩下的一个分枝是其余尚未发育的叶片，这三分叉的幼叶在民间常被当做蔬菜而采食，在日本尤其盛行，称为“瓦拉米”。日本曾有报道，日本人罹患胃癌者众，推断可能与其长期嗜食“瓦拉米”有关。

●低海拔的焚垦地区常可见蕨叶窜出地面，其深埋地下的横走茎，可说是适应火烧地所发展出来的生存方式。

鳞始蕨科
Lindsaeaceae

顾名思义，鳞始蕨就是开始具有鳞片的蕨类，它们都具有演化上由毛过渡到鳞片的中间型产物——本质为鳞片，但外形似毛，或称窄鳞片。这是鳞始蕨科最主要的特征。此外，它们也都具有开口朝外的孢膜，有别于碗蕨科的是，这些孢膜基部常有两条以上的小脉与其相连；而叶子的羽片或裂片外形变化更是多彩多姿，如扇形、楔形……令人目不暇接，而两侧极端不对称形更是其他蕨类所少见。

观察圆叶鳞始蕨

乍看之下，许多人可能会将圆叶鳞始蕨误认为花市里常见的园艺盆栽铁线蕨（见第138页），因为它们二者都具有扇形的小叶片。其实若仔细观察会发现：圆叶鳞始蕨的叶柄和叶轴为绿色，不像铁线蕨是亮褐色至黑色；此外，圆叶鳞始蕨的孢子囊群位于羽片边缘，由连续不断且朝外开口的孢膜所保护，与铁线蕨断断续续的孢子囊群由叶缘反卷的假孢膜所覆盖的情形不同。圆叶鳞始蕨生长在低海拔次生林的边缘或是林下步道旁的土坡上，较常出现在遮阴、空旷的环境。

鳞始蕨科档案

外观特征： 根茎匍匐状，其上与叶柄基部被覆极窄鳞片；羽片或末裂片为扇形、楔形或两侧极不对称形；孢子囊群靠近羽片边缘，具孢膜，大部分种类至少有2条脉，开口向外。

生长习性： 地生，少数会攀爬至树干基部。

地理分布： 分布热带至亚热带地区。

种数： 全世界有6属约200种。

演化舞台

鳞始蕨科“过渡型”的身世

鳞始蕨科的蕨类具有两项在演化上属于过渡型的特征：其一，边缘生的孢子囊群其孢膜一般是由与一条脉相连，慢慢演变成与两条脉、三条脉……愈来愈多条脉相连，而鳞始蕨科可以看到全部的变化过程（指本科包含与一至多条脉相连的各种种类），不像其他科只能看到部分，有的只能看到孢膜与一条脉相连，有的则只能看到孢膜与多条脉相连。其二，植株上的表皮附属物一般是由单列细胞宽的毛，演变成二至三列细胞宽的窄鳞片，再演化成多列细胞宽的宽鳞片。也就是说，植物体仅具毛而不具鳞片的蕨类，在较进化的薄囊蕨里是属于较原始的一群，而植物体具有宽阔鳞片的蕨类，则是属于相对较进化的一群。而鳞始蕨科拥有的是二至三列细胞的窄鳞片。由以上两点，可以看出这一群蕨类应是属于比较原始的一群，但不是最原始的，也不是进化程度最高的真蕨类。

圆叶鳞始蕨常见于低海拔次生林下空旷处，尤其是步道边的土坡上。

凤尾蕨科

Pteridaecae

“凤尾蕨”这三个字对一般人应该极为耳熟，因为从日常喝的青草茶到坊间流传的民歌都常会听到“凤尾草”。而在实际的生活空间里，它们也常出现在人类活动的地方，例如都市中的老建筑物附近，包括排水沟、砖墙缝或水泥沟缝等；或是近郊人们常去踏青的次生林下也会发现其踪迹。本科的族群庞大，外观变化多端，唯一的共同点是：都没有真正的孢膜，其中大多数种类拥有由叶缘反卷的假孢膜。

观察凤尾蕨

凤尾蕨可说是凤尾蕨科中最常见的种类，它常附生于岩石缝、砖缝与沟缝当中。外观稍呈两型叶，孢子叶较瘦长而直立，羽片具有明显由叶缘反卷形成的假孢膜；营养叶相较之下则显得胖短，羽片边缘有锯齿。它最大的特色是，叶轴两侧还长有叶肉，像是翅膀一般，特称为翼片。

凤尾蕨科档案

外观特征：叶形变化极大，单叶至多回羽状复叶，少数种类叶子呈五角状；叶脉游离，少数种类具网眼，但内无游离小脉；大多数种类的孢子囊群均位于裂片边缘，由叶缘反卷的假孢膜所包被，也有一些种类其孢子囊群沿脉生长或是散生于叶背，而无孢膜保护。

生长习性：多数地生型，偶尔附生岩缝、珊瑚礁缝，少部分种类为水生。

地理分布：以热带为中心，广泛分布世界各地。

种数：全世界有 34 属 700~850 种。

●孢子囊群位于孢子叶裂片边缘，由叶缘反卷的假孢膜所包被。

●叶脉游离。

●侧羽片仅基部分裂出狭长裂片。

●叶轴两侧有翼片。

●凤尾蕨常见于都市环境，例如排水沟及砖墙缝隙，反而在较自然的生态环境中无法觅得。

生态视窗

水蕨与水牛

同属于凤尾科成员的水蕨是着土型的水生蕨类，通常生活在浅水地区，水浅时植株挺出水面，水较深时则全株沉没于水中。它主要分布在东南亚的热带沼泽洼地，是当地水牛的最爱。由于水蕨的营养叶缺刻处长有白点状的不定芽，当水牛在田间烂泥里踩踏打滚或低头吃草时，水蕨的不定芽即随之被到处散布，一株变成多株，不知不觉地便达到了繁衍的目的。水蕨也是东南亚当地居民常食用的蕨类植物。

●水蕨具有两型叶：孢子叶较高，裂片较狭窄；营养叶则较胖短。

“粉背”求生术

凤尾蕨科不论从形态、演化、生态或是族群数量的角度来看，都是极为庞杂的一个科。而碎米蕨属则是当中形态较短小精干，演化倾向适应干旱环境的一群，其族群数量以美洲地区最多。

“粉背蕨”通常生长在中海拔的岩生环境，共有 4 种。它们的叶背都有粉白色的蜡质颗粒，当环境缺水时，叶子就会卷起来，将粉白色的叶背翻到上面，不但可使叶面的表面积变小，减少水分散失，也可反射太阳光，降低蒸腾作用。

●生长在岩壁上的粉背蕨平时叶片开展，利用绿色叶表进行光合作用；干旱时则叶缘向上并向内反卷，露出粉白色的叶背以降低蒸腾作用。

蕨类与人

少女的发丝——铁线蕨

铁线蕨是知名的观叶植物，姿态纤柔却又富含个性，相当受人喜爱。它们的种类相当多，但外观具有几个共同的特点：其一，由于其根茎多半为短匍匐状，叶的生长方式就显得较密集，而呈丛生状；其二，它具有特殊的小叶形态，多为扇形或是极度的两侧不对称形，全世界的蕨类仅鳞始蕨的小叶与其较相似；其三，它的叶轴深色发亮如铁丝，所以欧美人士称其为“少女的发丝”。再细看它孢子囊的附生位置，正是在叶缘、脉顶，由反卷的假孢膜所保护，没错！它是凤尾蕨科的一员。

●野生的铁线蕨产于中、低海拔山区，常见长于滴水壁面，且往往成群出现。

书带蕨科

Vittariaceae

书带蕨科在低海拔的森林可算是常见的附生型蕨类。其叶片不是呈长条状就是汤匙状，常由附生于土壁、岩缝或树干上，成片地垂挂下来，像是装饰在大地上的绿色彩带，这也是它科名的由来。

观察姬书带蕨

姬书带蕨是书带蕨科中颇为常见的种类，主要生长在低海拔地区林下，或是多雨地区开阔地的岩生环境，偶尔也长在溪涧两旁的陡壁上。它的植株不大，一般仅 10~20cm，与其他狭长带状的书带蕨科植物比较起来，显得娇小得多，所以称为“姬”书带蕨，可说名副其实。

孢子囊群位于线形叶的两侧。

书带蕨科档案

外观特征： 茎及叶柄基部具窗格状的鳞片。叶为全缘单叶，呈长线形或汤匙形，厚肉质。叶脉呈网状，网眼细长，内无游离小脉。孢子囊群沿脉生长或是呈与主轴平行的长线形。孢子囊群具有侧丝。

生长习性： 岩生或附生树干，通常长在森林温暖潮湿处。

地理分布： 主要分布在热带地区。

种数： 全世界有 6 属 110~140 种。

姬书带蕨常见于低海拔潮湿环境的岩壁上，植物体下垂生长。

水龙骨科

Polypodiaceae

水龙骨科是一个大科，成员众多。从科名来联想，最大的特征即是多数种类都具有如“龙骨”般又粗又长的横走茎，且与叶柄交接处都有关节。它们的叶形也不复杂，大多数都是单叶，至多为一回羽状深裂或复叶。值得注意的是，不少种类拥有独特的生存绝招，十分有趣喔！

观察台湾水龙骨

台湾水龙骨分布于台湾、福建等地，通常附生于中、低海拔天然阔叶林的岩石或树干上。它的外形也是一般人印象中的标准蕨类植物造形，因为许多书中的蕨类几乎都是以水龙骨属为蓝本来描绘：简单的一回羽状深裂叶片，上面长着一颗颗圆圆的孢子囊群，加上粗粗肥肥、粉绿色的横走茎与卷旋的幼叶。这就是台湾水龙骨的模样！

水龙骨科档案

外观特征：孢子囊群有固定形状，如线形或圆形，不具孢膜，少数种类的孢子囊全面分布于孢子叶的叶背，呈散沙状排列。根茎多为横走状，有些种类甚至形成蔓生的状态，茎与叶子交接处多有关节。根茎鳞片呈窗格状。叶形简单，多为单叶或一回羽状深裂，至多一回羽状复叶。叶脉网状，网眼内有游离小脉。

生长习性：常附生于树干、岩石，也有些地生型的种类。

地理分布：主要分布在热带、亚热带地区。

种数：全世界有 29 属 650~700 种。

●台湾水龙骨常生长在中、低海拔阔叶森林里，附生在树干或石头上。

生态视窗

能进行光合作用的匍匐茎

台湾水龙骨的茎为匍匐状，横行于树干或巨岩表面。茎除了分枝甚多之外，上面还有很多小突起，那是叶子因干旱脱落后所留下的部分，称为叶足，而其断面有如火山口般，则称为叶痕。

台湾水龙骨在久旱不雨时，为了减缓蒸腾作用对植物所造成的伤害，通常会有落叶的现象，甚至最后整群植物仅剩根茎。这或许也是台湾水龙骨的根茎呈粉绿色、肉质状，且不具鳞片保护的主因，也是它在干旱时赖以生存的绝招，而这样的构造才能进行光合作用，也才能贮存水分与养分。到了下个雨季，新叶就会从四面八方的茎顶生长出来。

●干旱缺水时的台湾水龙骨，常仅留下粉绿色的匍匐茎，且利用茎进行光合作用，制造养分。

朝向附生方向演化的蕨类

演化舞台

水龙骨科从长期演化的观点来看，是一群适应生长在阔叶森林生态系的蕨类植物。如果再进一步分析它们在森林中所分布的空间位置，便会发现整个科是朝向附生的方向发展演化，有高位附生、中位附生，也有生长在森林地被层的蕨类，而后者仍有低位附生的倾向。以下就依水龙骨科在森林生态系的生长位置略作探讨。

高位附生：一般都生长于森林乔木树冠层的位置。因距离地面较远，受风的影响较大，湿度较低，光照也较强，所以此类植物不是具有腐殖质收集叶，就是叶柄退化，叶片基部膨大形成类似腐殖质收集叶的形状，加上根茎通常很粗大且密布鳞片，叶片常呈革质，而其植物体又是水龙骨科中最粗壮者，这些构造都可帮忙保持水分，或防止水分散失。崖姜蕨即为一例。

中位附生：一般都生长于林冠层以下、灌木层以上的位置，虽然此处的植物没有粗壮的根茎与高大的植物体，但通常都具有较长而横走的根茎，关节的功能也颇发达，代表性的植物包括整个水龙骨属以及肢节蕨、伏石蕨等。

低位附生：大部分水龙骨科的生长位置都在地表或靠近地表，主要是因为这种环境受到地被层植物的保护，一般湿度较高，而这是多数蕨类生存最重要的条件。例如常见的线蕨属，大多长在森林下的地被层或地被层的岩石上；而三叶茀蕨也是林下岩石地的熟客。

不过也有部分水龙骨科的蕨类，虽然生长环境与森林有关，生长方式也是附生或倾向附生，但却位于较干旱的环境，像是森林空处的岩生环境或是倒木上，石苇属是此处的代表性植物。

三叶茀蕨属于林下岩石上的低位附生植物。

伏石蕨的生存秘诀

生态视窗

伏石蕨是低海拔常见的水龙骨科蕨类，根茎细长，常蔓生在树干和树枝上，有时在建筑物的壁面或大石上，也可见其成群出现。

它的质地肥厚多肉，乍看有如仙人掌，平时可贮存大量的水分和养分，以备不时之需。旱季较长时，叶子就会变得愈来愈薄。其根茎虽然细长，但仍具肉质的特色，且表皮角质层发达，加上外有鳞片保护，所以伏石蕨的根茎能让它度过恶劣干旱期。

另外值得一提的是，伏石蕨为两型叶，较圆胖的是营养叶，专营光合作用制造养分，其叶面的生长方向与光线垂直相交，较有利于光合作用进行；较细长的是孢子叶，其主脉两侧具有长线形的孢子囊群，负责传播与繁殖（也兼营光合作用）。它的叶面与光线平行，也长得比营养叶高，所以当孢子被弹入大气时，不会受到营养叶的干扰。

伏石蕨具有较进化的两型叶构造，孢子叶较瘦长，而营养叶较圆胖，两者的生长角度不同，功能也不同。

自备资源回收袋的蕨类

因为水分和养分无法自土地

直接取得，附生本身可说是一种非常困难的生活方式；而越高位的附生空间，因距离森林的地被层越远，所受到的保护就越少，例如湿度降低、光照加强，所以高位附生的蕨类必须具备更强的生存本领才行。

水龙骨科中就有两群很能适应高位附生环境的蕨类，它们所采用的生存策略是：自备“资源回收袋”，化腐朽为神奇，将看似无用的物质转化成可供自身生长的养分。

●槲蕨具有一般的叶子及腐殖质收集叶，后者具有保护及收集养分的功能。

其中，槲蕨属的植物在一般叶子与茎交接处附近，会自行长出一种所谓“腐殖质收集叶”的短胖型掌状小叶子，朝上的叶片专司收集顺着树干流下的水分及养分，初生时为绿色，但数日后即转变成褐色，显示光合作用不是它最主要的功能。遭逢干季时，一般的叶子会从基部的关节处脱落，以防止水分过度散失，不过枯黄色的腐殖质收集叶仍然存留且保护着根茎。乍看之下，树干或巨石似乎呈现一片死寂，其实它仍蕴藏生机，一场大雨之后又将生意盎然。

而另一群，则是大型的附生植物，包括崖姜蕨和连珠蕨。它们不像巢蕨类只附生在树干一侧，也不像槲蕨类的茎与叶片均朝上生长，而是横向围着树干绕圈圈。其叶柄极不明显，基部裂片明显变宽且互相重叠，形成出盆状的腐殖质收集空间，可承接上方落下的灰尘、落叶、雨水及顺树干流下来的水分及养分。

●崖姜蕨为一回羽状深裂，但是基部的数对裂片则仅浅裂，多片叶子叠在一起，把树干完全遮起来。

石苇的抗旱绝招

石苇是中、低海拔常见的水龙骨科蕨类，通常长在较空旷地区的树干或石头上。石苇属最大的特征是植物体密被星状毛。石苇也不例外，其叶表毛较少，呈绿色；而叶背毛较多，初期呈银白色，后期呈亮褐色。细看石苇叶背的星状毛，其实它是呈多层次排列，因为植物的气孔多分布在叶背，如果密被毛，则蒸腾速度较慢，植物可保持较多的水分。

除此之外，石苇的叶子质地如皮革，显然是因为植物体具有较多厚壁细胞或厚角细胞，或是细胞排列较紧密之故，如此亦可防止水分过度散失。更甚于此者，石苇还有其他的耐旱本领，例如在长期干旱的情况下，浅色叶背的叶缘会朝上并朝内反卷，一方面可反射太阳光，另一方面可减少水分散失面积。

最后如果这些都不可行，石苇则可利用水龙骨科的共同特征——关节，让叶片脱落，以永除后患，不过如此一来也就无法行光合作用，继续制造养分了，自此进入休眠期，等待下次雨季的来临。

●（上）长在开阔环境的石苇。（下）石苇遇长时间干旱，会将颜色较淡的叶背朝上翻卷，一方面反射太阳光，另一方面可减少水分散失的面积。

禾叶蕨科

Grammitidaceae

在海拔800~2000m左右阔叶雾林地区的树干上，总是密密麻麻地布满了藓苔植物，而在这些藓苔丛中，会发现有一群披着紫褐色多细胞长毛的小型植物生长其中，它们就是禾叶蕨科的蕨类。对生态环境的选择非常挑剔的禾叶蕨科，与瘤足蕨科同为雾林地带的标志，不过前者位于海拔较低的阔叶雾林，而后者则位于海拔较高的针阔叶混交林。由于山坡地的开发，有云雾的阔叶林环境愈来愈不容易维持，所以禾叶蕨科都是属于较稀有的植物。

观察蒿蕨

蒿蕨是禾叶蕨科中分布较低、较容易见到的一种，在溪头、乌来等温暖湿润的阔叶森林里就可以发现它的踪迹。它属于低位附生型的蕨类，通常附生于树干的基部或林下的岩壁上。在森林较低下的位置，空气湿度会较高，而且变化也会较小，较适合这种对环境挑剔的蕨类生存。

禾叶蕨科档案

外观特征： 多数为10cm以下的小型附生植物；叶形简单，多为单叶，全缘或一回羽状深裂，少为二回羽状深裂；叶脉游离；全株具紫褐色多细胞毛，尤其在叶柄基部特别明显；孢子囊群多为圆形或椭圆形，不具孢膜。

生长习性： 多附生于树干上的苔藓丛中。

地理分布： 分布于热带高山地区有云雾的森林里，有时亚热带及暖温带山地多云雾的森林里也有可能看到。

种数： 全世界至少有9属445种。

生态视窗

地理界碑

禾叶蕨科主要分布于热带雨林地区的高山，通常生长在湿度较高、环境变动较少的地区，而这种环境在整个热带的范围其实也不多见，所以该科的植物基本上较稀有。另外从该科在世界的地理分布来看，东南亚高山是其分布中心。一般而言，分布范围的边界其生长条件对物种通常不太健全，因此种类及数量自然比较少。所以许多种稀有的禾叶蕨科植物都出现在属于热带地区。

令人深思的是，有不少种稀有蕨类也都同时分布于东南亚与中国台湾南部，推测可能是台风将仅一个细胞重的孢子自南方吹送至此之故。而这些热带的种类恐怕也无法生存于冬天温度较低的北部地区。

蒿蕨多生长在林下树干上或石头上，尤其喜好苔藓密生的环境。

金星蕨科

Thelypteridaceae

金星蕨科算是一个大家族，成员众多，但长相近似，辨识的难度颇高。而且其中有不少是被视为杂草性的种类，四处可见，仿如大自然的背景音乐，几乎让人忘了它们的存在。不过若是在路边看到一群二回羽状分裂的蕨类，颜色黄绿，叶片软软的，像是发育不良或是没晒太阳似的，那大概就是金星蕨科植物了。

观察密毛小毛蕨

在次生林的空旷处、山坡边、水沟旁，甚至社区公园与家中的庭院里，都能发现密毛小毛蕨的踪影。它具有多数金星蕨科蕨类的特征：柔软的二回羽状裂叶与圆肾形的孢膜；而叶面上的软毛、小毛蕨脉型、略微下撇的基部羽片；孢子囊群常紧贴羽轴。这几点则很容易泄露它身份。

金星蕨科档案

外观特征：叶形大多为二回羽状分裂；叶表羽轴如果有沟，也与叶轴的沟不相通；植株具单细胞针状毛，甚至鳞片上也见其分布；孢子囊群多为圆形，长在脉上，大多具有圆肾形孢膜。

生长习性：地生型，茎短直立或匍匐状生长。

地理分布：主要分布在热带、亚热带地区。

种数：全世界有 5 属 800~900 种。

密毛小毛蕨是郊外常见的杂草之一，其生存能力强，能适应许多种人类开发出来的生态环境。

小毛蕨脉型

两相邻最末裂片的最下侧脉相连结，并由连结点向裂入处基部伸出一脉，同时也连结其余侧脉，其外形就像奔驰汽车的标志“人”，称为“小毛蕨脉型”。全世界的蕨类中，小毛蕨脉型主要出现于金星蕨科及蹄盖蕨科的菜蕨类（前者孢子囊群为圆形，而后者为线形），不过并非所有金星蕨科的成员都具有这种脉型。

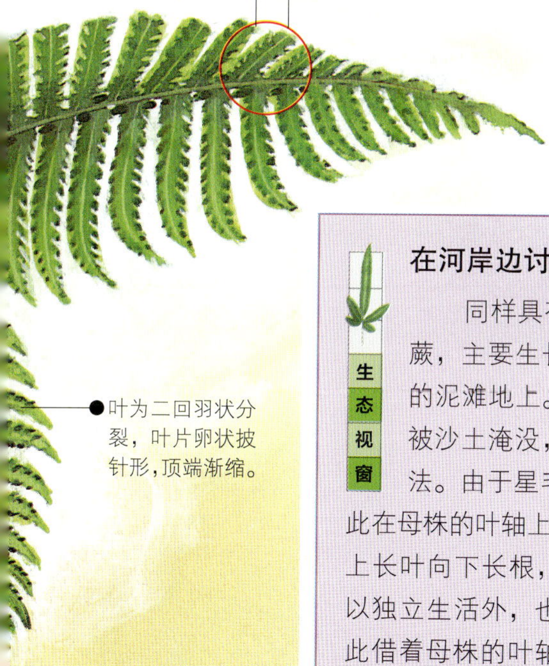

在河岸边讨生活的星毛蕨

生态视窗

同样具有小毛蕨脉型，外形也近似小毛蕨类的星毛蕨，主要生长在河岸边砾石堆中的沙地，或沼泽湿地边的泥滩地上。在大水过后，河岸边沙滩上的植物多半会被沙土淹没，但星毛蕨自有一套适应这种环境的生存方法。由于星毛蕨的每一个羽片基部都可以长出新芽，因此在母株的叶轴上一下子就可以同时长出许多子株，并各自向上长叶向下长根，除了可以独立生活外，也可以彼此借着母株的叶轴相连纠结，繁衍的能力比根茎大得多，而且未被埋在沙土里的叶子仍可进行光合作用，支援被掩埋的其他个体，所以很容易在河岸边生存。

星毛蕨常成群出现，个体不易区分，乍看下仿如杂草般，毫无章法可循。

铁角蕨科

Aspleniaceae

铁角蕨科中，以常被当做园艺植物及野菜的巢蕨类最有名，它们的外观特殊，一片片长长的叶子围成一圈，就像是筑在树枝上的鸟巢，远看又像树上开花，所以又有山苏花这样的别称。其实整个铁角蕨科植物的外观变化很大，生活环境更是大异其趣，除了树干，地上、岩壁、土壁等处，都有它们的踪迹。唯一的共同点是它们都具有长形的孢膜，且每一条脉只有一个孢膜。

观察南洋巢蕨

南洋巢蕨又称为山苏花，其嫩芽是近年来很流行的野菜“炒山苏”的素材之一，据说“吃山苏”的习惯起源于台湾花莲的阿美族。南洋巢蕨属于热带性的附生蕨类，生长在低海拔的天然阔叶林中，常附生于树干上，有时石墙上也会发现它像个绿色鸟巢般的独特身影。

南部低海拔山谷地是南洋巢蕨最喜欢的环境，在较成熟的森林里，一棵大树干就如公寓一般，住满了巢蕨。

铁角蕨科档案

外观特征： 叶形从单叶到多回羽状复叶都有。孢膜长形长在脉上，其生长角度与最末裂片的中脉斜交。叶柄基部与茎顶有窗格状的鳞片。

生长习性： 地生、岩生或附生，都与较潮湿的森林有关。

地理分布： 广泛分布全世界各地，但多数种类集中于热带至暖温带地区。

种数： 全世界有 1 属约 720 种。

●孢子囊群及孢膜呈长线形，长度不超过中轴到叶缘的一半，和叶的中脉斜交。

●侧脉单一或仅分叉一次，末端连合成与叶缘平行的脉。

●叶背中脉有隆起的棱脊。

识别锦囊

比较 3 种巢蕨

巢蕨、台湾巢蕨与南洋巢蕨均属于巢蕨类植物，乍看三者颇为相似，但仔细观察，其中巢蕨的孢膜最长，几乎由中脉长达叶缘或至少 2/3 处，而台湾巢蕨与南洋巢蕨则达 1/3 或不到 1/2 的长度。此外，南洋巢蕨叶背中脉基部有隆起的棱脊，其余两者则无。从海拔分布来看，巢蕨是属于海拔较高的暖温带植物，台湾巢蕨为较低海拔的亚热带植物，而南洋巢蕨则为分布于北部平地与南部低海拔的热带植物。

从以上两点，即可轻易区分 3 种巢蕨。

巢蕨是中海拔阔叶林的指标植物，叶表不呈波浪状，叶片也比较刚硬；孢膜长度由中脉长达叶缘或至少 2/3 处。

南洋巢蕨是热带地区的指标植物，在台湾以南部数量较多，特征是叶背中脉有棱脊，孢膜长度不超过中脉到叶缘的 1/2。

台湾巢蕨是亚热带阔叶林的指标植物，叶缘常呈波浪状，外围的叶子常下垂；孢膜长度占中脉至叶缘的 1/3 到 1/2。

自助又助人的巢蕨类植物

生态视窗

有许多学者都认为铁角蕨科是一群很现代的蕨类植物，除了有许多杂交种外（杂交代表种化不完全，种群还在演化当中），巢蕨类的高位附生现象，也有人解释为较晚期才演化出来为适应较恶劣环境的一种演化趋势。林下地被层空气湿度较稳定，而林冠层则变化较大，只有具有特殊本领的生物才有办法存活，而巢蕨类和兰花都是其中的佼佼者。

巢蕨类植物的茎很短，叶片丛生，比较特别的是它的叶表具有蜡质，叶柄短而不明显，且一片叠着一片，如覆瓦般排列成一圈，每年更由中心点长出新叶，加上老叶凋萎后其基部则宿存，于是整个植物体交织成多层次且密不透风的“大鸟巢”。这种生长形状有助于接收来自上方的雨水、落叶、空气中的灰尘及其他有机物质与矿物质。鸟巢状结构的底部中心即茎顶生长点，这部分被覆着许多鳞片，除了具有保护幼芽的功能外，尚可保存水分。植物体所收集到的腐殖质也贮藏于此，使得生存所需不虞匮乏，甚至可以供养其他植物，如垂叶书带蕨、黄鳞铁角蕨、带状瓶尔小草等，常都是座上客。

巢蕨类植物的基部常累积大量腐殖质，因此也提供其他同类或不同类植物生长的空间。

生态等价种

附生于树干上的巢蕨类植物主要产于热带亚洲地区，而美洲亚马孙河热带雨林的树干上，也有看起来像巢蕨的附生植物，不过不是蕨类，而是一群属于凤梨科的种子植物，它们的短直立茎上也是长着类似的一丛叶子。生活在极为不同的地区，然而其生长环境却很相似，其栖息空间及长相也都很类似，像这样的种类在生态学上称为生态等价种，意指它们在生态功能上的价值是相等的。巢蕨类和凤梨科都可以在热带雨林生态系的森林高处扮演协助收集及制造养分的角色，同时对生物多样性及物质循环，也都有一定程度的贡献。

其实在小地区里也有可能发现成对的生态等价种。以台湾为例，低海拔广泛分布的崖姜蕨与恒春半岛的连珠蕨，另一种低海拔广泛分布的笔筒树（见第120页）与浸水营的南洋桫椤，都是一对一的生态等价种，其生态地位与功能也都很相似。

亚马孙河热带雨林树干上的巢蕨类的生态等价种，其叶质地较厚且具蜡质表皮，叶基部长成筒形，可贮存水分，因此可生长在森林高位缺水处。

乌毛蕨科

Blechnaceae

一般人的印象中，蕨类的叶子都是绿色的，顶多只是深浅之别，或是幼叶偏鲜嫩的黄绿色而已。但乌毛蕨科的幼叶却都会呈现美丽的暗红色，表面还透着油亮的光泽！最有趣的是其中的东方狗脊蕨，它的叶片上满布数量极为庞大的不定芽，这可是除了孢子繁殖之外，更容易扩张地盘的一种生存手段。全世界的蕨类都不容易看到这种现象喔！

观察东方狗脊蕨

东方狗脊蕨生长在低海拔天然林宽阔的溪谷地边缘，像山沟边或潮湿山壁上，就常可见到它的芳踪。东方狗脊蕨叶子非常大，长可达 2~3m，常由山壁向下垂。它最抢眼的特征是，叶表满布着略小于指甲大小的不定芽。由于长在溪涧旁边，不定芽成熟后就一个个掉到水面，像小船一样，顺着水流漂到他处，靠岸即长出新的植株。

叶片二回羽状深裂，裂片细长，羽片基部朝下一侧常会少 1~3 个裂片。

叶表面有不定芽，颜色由红转绿。

乌毛蕨科档案

外观特征：叶为一回羽状深裂至二回羽状深裂，幼叶呈暗红色。孢子囊群长形，位在脉上，与末裂片的中脉平行；绝大多数具有孢膜，且开口朝向中脉。多为游离脉，有的仅在末裂片中脉两侧各有一排网眼，也有形成多排网眼者，但网眼中无游离小脉。

生长习性：地生型，少数种类具直立茎。

地理分布：分布于全世界，但种类最多的地区为东南亚。

种数：全世界有 8 属 180~230 种。

东方狗脊蕨喜欢长在溪谷旁的土壁或岩壁上，叶片经常下垂。

识别锦囊

具有直立茎的乌毛蕨科蕨类

具有直立茎的蕨类种数并不多，主要多局限于桫椤科，以致一般人都认为具有直立茎的蕨类就是桫椤科成员。其实并不尽然，比如乌毛蕨科就有两种蕨类具有挺空显著的直立茎，一种是苏铁蕨，另一种则名为假桫椤。

苏铁蕨，顾名思义长得就像苏铁，具有壮壮矮矮的直立茎，茎顶丛生着许多一回羽状的叶子，是稀有植物。而假桫椤从名字也可知它长得像桫椤科植物，外形似侏儒状的桫椤，茎高30~50cm，而茎粗仅1~2cm，茎顶有丛生的二回羽状深裂的叶子，一般生长在海拔1000~1500m、有云雾环绕的山区，属于热带雨林高山环境植物。

外形长得像苏铁的苏铁蕨，主要分布在松林下开阔处。

骨碎补科

Davalliaceae

骨碎补科蕨类的特征和水龙骨科很相像，它们大部分种类都是附生植物，同样具有肥大的根茎，叶柄与根茎之间都有关节，叶子掉落后在根茎上皆会留下一个像火山口般的叶痕。不过仔细看，两者的差异也不少，比如骨碎补科的叶形较复杂，叶片普遍较厚、较硬等。所以如果看到树干上附生着具有粗肥根茎的蕨类，叶子不超过一回的不妨猜它是水龙骨，裂很多回的应该就是骨碎补了。

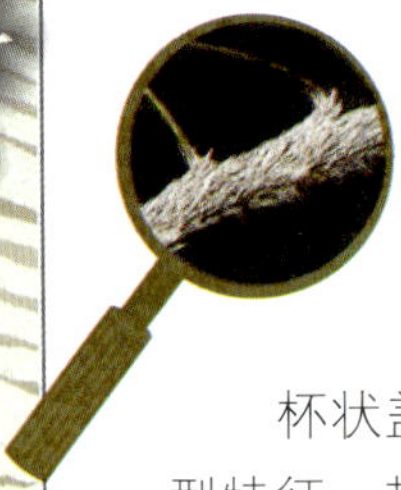

观察杯状盖骨碎补

杯状盖骨碎补具有骨碎补科的各项典型特征，其孢膜呈杯状，这也是它种名的由来。另外它还有个有趣的俗称——兔脚蕨，因它布满银白色鳞片的根茎看起来就像是兔子的脚一般，令人印象深刻。它主要附生于低海拔森林的树干或岩壁上，属于极端适应干旱环境的蕨类。

杯状盖骨碎补常见长在较干旱地区的岩石上或树干上。

骨碎补科档案

外观特征：横走茎粗肥，其上密布鳞片。叶柄基部具关节。通常为多回羽状复叶，叶脉游离，孢子囊群靠近叶缘，各自位于一条小脉顶端。孢膜呈杯状、管状或鳞片状，开口朝外。

生长习性：多岩生或附生，稀为地生，有些种类属于冬天落叶型。

地理分布：分布于欧、亚、非洲热带至暖温带地区。

种数：全世界有 5 属约 113 种。

孢子囊群靠近叶缘，孢膜宽杯状，基部只与一条脉相连。

三回羽状复叶，叶质地较厚。

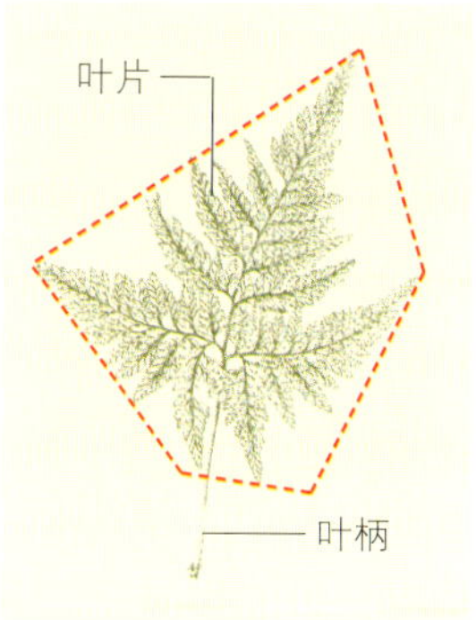

基部羽片的最下朝下小羽片较长，整体叶形呈五角形。

叶片的长度比叶柄稍长。

根茎约手指粗，满布银白色呈贴伏状的鳞片。

叶柄基部与根茎的交界处有关节。

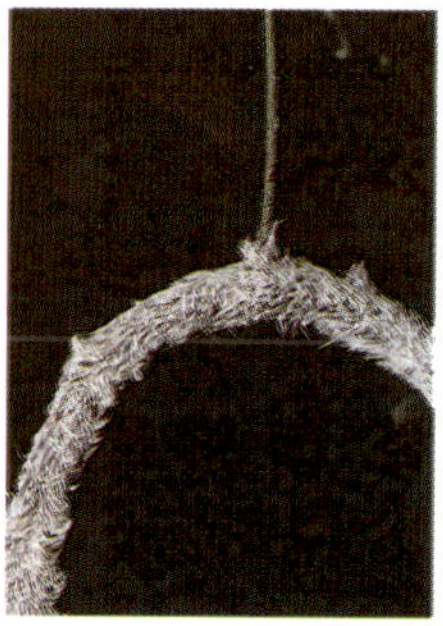

识别锦囊

具有关节的蕨类大集合

有些植物在茎与叶子的交接处附近，或是羽片与叶轴交接处，甚至在叶柄上或叶柄与叶片交接处长有关节，当环境发生变化时，植物体可将废弃物排到关节外，然后在关节处形成与两边细胞构造与形态都不一样的离层，防止水分过度散失及有用物质的流失，必要时还会由此处断裂，将叶子脱落，以杜绝后患。

在蕨类中，有许多种类，有的甚至整个科都具有关节，而这种构造是近代蕨类得以生存于较干旱环境的主要手段。

在演化的过程中，关节的位置会稍有变化，也有些种类甚至有关节的外貌，却没有关节的功能。

类　群	关节位置	功　能	断裂结果
水龙骨科	叶柄和根茎交接处	干旱时断裂	只剩下根茎
骨碎补科	叶柄和根茎交接处	干旱时断裂	只剩下根茎
肾蕨科	叶轴和羽片交接处	干旱时断裂	可见丛生的叶轴
藤蕨属	叶轴和羽片交接处，以及叶柄与根茎交接处	干旱时断裂	可见叶轴或仅见根茎
条蕨属	叶柄靠近基部处	干旱时断裂	只剩下根茎，且残存一小段叶柄
岩蕨属	叶柄靠近基部处，关节斜生	干旱时断裂	常见丛生的一小段叶柄
羽节蕨属	叶柄和叶片交接处	无功能	无断裂迹象
粗齿紫萁	叶轴和羽片交接处	无功能	无断裂迹象

识别锦囊

骨碎补科和水龙骨科差异对照表

骨碎补科与水龙骨科蕨类都有附生的倾向，只是前者较倾向干旱的环境，后者则较适应潮湿的森林。

两者在外观上也有相近的特征，例如较长的根茎及根茎与叶柄交接处具有关节。野外相遇时，除了观察周围的环境特征之外，不妨检查以下4个相异点，即可轻松区分。

差异点	骨碎补科	水龙骨科
根茎	通常密被鳞片	鳞片排列较松散或早落
叶型	三回羽状复叶，罕见一至二回	单叶至一回羽状深裂，至多一回羽状复叶
孢膜	肾形、杯形或管形	无
脉型	游离脉	网状脉，网眼内有游离小脉

生态视窗

骨碎补科的干生适应

骨碎补科蕨类在朝向适应干旱的演化趋势下，它的叶子一般偏厚、硬，根茎也较粗大，可以贮存较多的养分和水分；部分种类茎内还具有厚壁细胞，以保护柔软的细胞膜及其内含物，同时也能降低外在环境的影响。

骨碎补科根茎上的鳞片非常发达，一方面除了能保护幼嫩的茎顶并减少水分散失外，也可以在雨季时利用鳞片间空隙贮存水分。而就如同水龙骨科一般，它适应干旱的绝招就是利用叶柄与根茎交接处的关节将叶子脱落，使蒸腾作用降至最低的程度，以渡过难关。

●海州骨碎补的根茎具有棕色鳞片。

●分布于暖温带阔叶林的海州骨碎补，常占据较干旱的地方，例如岩石上或树干上。

肾蕨科

Nephrolepidaceae

以前乡下的小孩常在开阔地的岩壁或土壁上，找寻所谓的“铁鸡蛋”来当做零食。其形状有如长毛的褐色小鸡蛋，仅约拇指般大小。其实它就是肾蕨的块茎，用来贮存水分及养分，以备不时之需。这种特殊的构造在全世界的蕨类中，仅出现在少数几种肾蕨科植物身上。而肾蕨科的共同特征则是，它们都是一回羽状复叶，羽片基部都具有关节，所以当干旱缺水时，羽片即纷纷掉落，最后只剩下一枝挺立的叶轴。

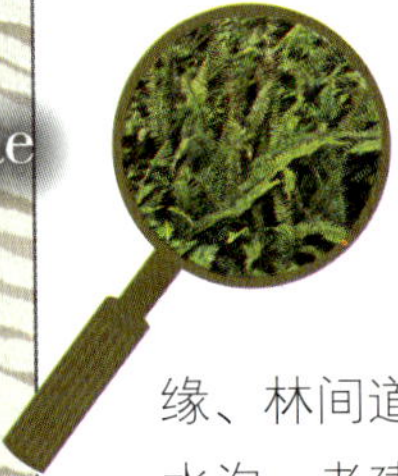

观察肾蕨

肾蕨普遍生长于低海拔地区，例如开阔的人工造林地地被层及林缘、林间道路的边坡，甚至于都会区的围墙及排水沟、老建筑物的壁面、庭园中棕榈科植物的叶柄基部等，都可见其踪迹。就如同其他肾蕨科的植物，它也同时具有直立茎与匍匐茎，总是一丛丛成片地生长。最特别的是，在比较干旱的环境，它还会长出贮藏水分和养分的秘密武器——块茎，所以，它可说是全世界少见的一个个体却同时拥有 3 种茎的植物哩！

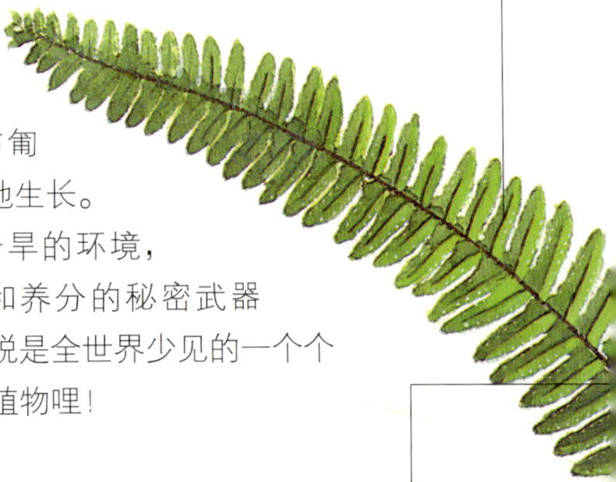

一回羽状复叶，羽片无柄。

羽片基部上侧有突出的叶耳，在叶背可见叶耳将叶轴全部遮盖。

羽片基部与叶轴间有关节，缺水时羽片会掉落。

肾蕨科档案

外观特征：个体同时具有直立茎及匍匐茎。叶为一回羽状复叶，羽片和叶轴间有关节。叶脉游离，孢膜肾形或圆肾形，位于各组小脉的前侧小脉末端。

生长习性：每一种都同时具有地生及附生的习性；因具匍匐茎，所以常成群出现，又因有短直立茎，所以群体是由丛生的个体连结而成。

地理分布：分布于热带至亚热带，以东南亚为分布中心。

种数：全世界有 1 属约 30 种。

肾蕨由于具有匍匐茎，所以在野外常见其成群出现。

孢子囊群位于二分叉侧脉的前侧小脉末端，靠近叶缘，孢膜肾形。

靠近叶缘的小脉顶端有泌水孔。

被数个叶柄包被住的短直立茎。

椭圆形的块茎，上有淡色鳞片。

匍匐茎。

生态视窗

肾蕨的四项生存法宝

整体而言，肾蕨科的植物都有倾向适应干旱环境的发展趋势，有许多种类都是当地生态环境的先锋型植物，具有各种特殊的耐旱本领。以下就以常见的肾蕨为例来说明。

肾蕨能在短时间内占据一大片空间，而且在条件不好的环境也能适应得不错，这是因为它具有四项生存绝招：关节、泌水孔、匍匐茎与块茎。其中前三项是肾蕨科的共同法宝，最后一项可就是肾蕨的独门秘密武器了。

关节

因叶轴跟羽片交接处有关节，所以羽片很容易脱落，缺水的时候，它就利用关节让羽片落尽，以减缓蒸腾的速率。

泌水孔

在羽片小脉的末端有泌水孔，当肾蕨生长在矿物质较多的环境时，吸入植株体内的矿物质成分会在水的携带之下，经由这个泌水孔释出体外。叶子上的白点，就是释出的水分蒸发后，所留下来的矿物结晶。

匍匐茎

肾蕨会在一丛直立茎旁延伸出一条条的匍匐茎，遇到适合的环境即长出新芽，接着发展成短直立茎及一丛叶子，新植株再长出匍匐茎，如此不断重复，最后就形成一大片肾蕨族群。

块茎

如果碰到比较恶劣的环境，例如干旱的岩石地，肾蕨就可能由匍匐茎长出一个俗称“铁鸡蛋”的椭圆形块茎，里面有养分跟水分，可以帮助植物渡过难关。

●肾蕨的块茎长在匍匐茎上，具有椭圆形的外表，里面则贮存水分及养分。

演化舞台

人工选择下的变异品种——波士顿肾蕨

全世界的肾蕨科植物应该都是一回羽状复叶，可是为什么我们在花市或园艺店里最常见的肾蕨科植物却是多回羽状复叶，甚至叶子分裂得如同蕾丝一般呢？原来这些泛称“波士顿肾蕨”的园艺蕨类其实是变异品种，虽然它们羽片的变异形态有数种之多，但却同出于一源，即长于热带美洲的剑叶肾蕨（*Nephrolepis exaltata*）。该种因容易栽培于室内，于19世纪时成为温带地区受欢迎的室内植物之一，而人们首次注意到其变异，则是1870年在一批由费城运往波士顿的剑叶肾蕨中发现的，因此被命名为“波士顿肾蕨”。其他所有肾蕨科的变异也都是1870年后由剑叶肾蕨的族群中陆续被发掘出来的。一般人习惯以“波士顿肾蕨”称呼这些叶子细裂多变的园艺品种。

由波士顿肾蕨的例子可以看出，一种植物的族群经常可能产生变异，但是如果没有人为的因素介入，这些变异可能就没有机会大量发生，因为这些变异品种都不长孢子囊群，只能靠无性繁殖。所以人工选择在近代生物演化史上可说扮演着极为重要的角色。

●虽然名为波士顿肾蕨，可是它的原产地并不是美国，而是热带美洲地区，起因是细裂的变异品种在波士顿首次被发现。

藤蕨科
Oleandraceae

藤蕨科蕨类和水龙骨、骨碎补等科一样，都具有发达的根茎，叶柄基部也都具有关节，必要时整片叶子会脱落，仅留下根茎。不过，藤蕨科的根茎比起其他两科更为发达，常呈缠绕或攀爬状，在树干或树枝上占据较大的范围。藤蕨科在台湾的种类不多，数量也很稀少，主要是因为台湾的藤蕨科植物都生长在较原始的森林中，而这种环境目前所剩不多。

观察藤蕨

藤蕨生活在低海拔较原始的森林中，常在林下地被层发育，初始为地生的蔓生型植物，但它的根茎会逐渐从地面往树干上攀爬，枝条则四处缠绕。如果在野外发现一种类似肾蕨蕨叶的植物爬上树干，且又不像肾蕨般成丛生长，不用怀疑，它就是藤蕨。由于藤蕨对生长环境非常挑剔，必须是非常成熟的森林才行，而今天的低海拔已少有这种环境，所以藤蕨已不容易看到了。

藤蕨生活在潮湿且腐殖质丰富的环境中，常贴伏树干向上攀爬。

藤蕨科档案

外观特征： 单叶或一回羽状复叶，叶柄上具有关节，如为一回羽状复叶，羽片基部也有关节；孢子囊群圆形，长在脉上或在小脉顶端，通常有圆肾形孢膜保护。

生长习性： 根茎可由林下土壤中攀爬上树，并缠绕树干与树枝。

地理分布： 分布于热带至亚热带地区。

种数： 全世界有3属53~56种。

萝蔓藤蕨科

Lomariopsidaceae

有人称萝蔓藤蕨科为“留在热带雨林中的蕨类”，因为本科大部分的属都生活在潮湿、腐殖质较丰富的雨林地被层，有的种类会由林下地表攀爬上树，只有一个属生活在雨林的高山地区。因为对生长环境的挑剔，所以在温带地区它极为少见。本科植物的生长方式、叶形及脉型的变化虽然很大，但都具有一项共同点，即孢子囊都呈散沙状，全面着生于叶背。

观察海南实蕨

海南实蕨及其同属的蕨类有个很神奇的别称叫做“走蕨（walking ferns）”，也就是会走路的蕨类！植物怎么走呢？原来，它们的顶羽片末端都有一个不定芽，碰到地面之后就长出根和叶，而且还会和原来的植株相连一段时间，之后第二株的芽又碰到地上，也长出一新植株，这样连续不断往外扩张地盘，看起来就像是一步一步往前走似的。

海南实蕨常见长在溪谷地区的岩石上或土坡上。

羽片边缘具有圆齿，叶缘凹入处有刺状突起。

营养叶为一回羽状复叶，顶羽片明显。

不定芽落地后，长出新的植株。

萝蔓藤蕨科档案

外观特征： 横走茎；单叶或一回羽状复叶；孢子囊呈散沙状，全面着生于叶背。

生长习性： 附生于树上或石头上；偶为地生，横走茎由林下地表攀爬至树上。

地理分布： 广泛分布于热带地区。

种数： 全世界有6属约520种。

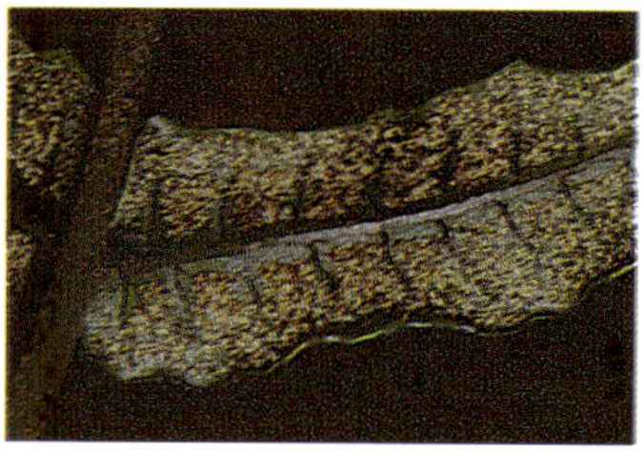

●孢子囊如散沙般全面着生于叶背。

实蕨脉型

所谓实蕨脉型是指，在羽轴的两侧具有弧脉，弧脉上方又会伸出一至少数几条小脉的脉型，通常主侧脉的两侧也会有相同的情况发生。除了海南实蕨外，还有其他实蕨属的植物也具有类似的脉型，但并非所有实蕨属都有此特征。因全世界的蕨类仅实蕨属具有这种脉型，故称为实蕨脉型。

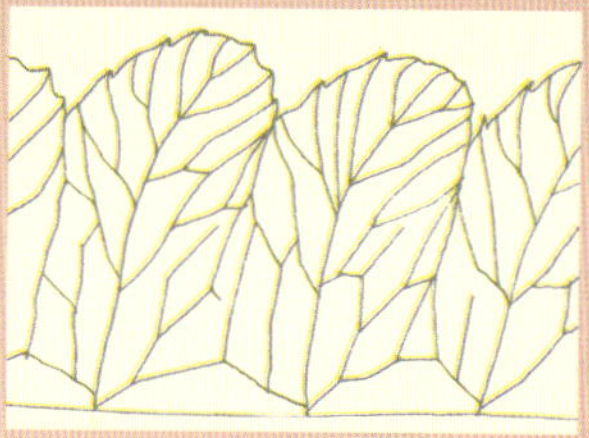

●孢子叶直立生长，突出营养叶的高度，较有利于孢子的传播，其羽片较狭小。

●羽轴两侧各有一列弧脉。

●营养叶的顶羽片末端较细长，靠近顶端的侧边具有带根的不定芽。

鳞毛蕨亚科 Dryopteridoideae

鳞毛蕨科是个大科，包括鳞毛蕨和三叉蕨两个亚科，二者的共同点是：多数都具有倾向圆形的孢子囊群与孢膜，孢子囊群大都长在脉上，而它们的生长习性也都偏属地生型。鳞毛蕨亚科本身的特色是，多数叶表的叶轴与羽轴有沟相通，且非常光滑，而叶背的相同位置则多鳞片。它们特别适应温带地区的环境，在冬天会下雪的落叶林下尤其常见。春天则常可看到上举的一丛新叶外围环绕着一圈因雪埋而枯死的老叶，这也是亚热带冬天下雪的高山地区常见的景象。

观察南海鳞毛蕨

南海鳞毛蕨是中、低海拔山区最常见的鳞毛蕨亚科蕨类，多半生长在林缘边坡、稍有遮阴的岩壁环境里。它的叶子是二回羽状复叶至三回羽状分裂，其基部羽片的最下朝下小羽片特别大，形成一回羽状分裂至深裂的小羽片，并且向外撇，乍看之下叶片好像长了一对八字胡，因此整个叶形为稍长的五角形。此外，它的叶柄与叶轴多具有褐色至深褐色的鳞片，甚至连小羽轴及裂片中脉的叶背亦疏被褐色鳞片，由此可知鳞毛蕨名称的由来。

孢子囊群圆形，孢膜圆肾形，长在脉上。

叶片厚肉质。

鳞毛蕨亚科档案

外观特征：茎通常粗短，斜上或直立，罕见横走茎。叶多为羽状复叶，多半丛生；大多数种类叶表的叶轴和羽轴皆有沟，且彼此相通，其上通常光滑无毛，但叶背多少具鳞片。叶柄横切面的维管束至少 3 个，排成半圆形。叶脉多为游离脉，少有连结成网状。孢子囊群多为圆形，且多具孢膜，长在脉上。

生长习性：为地生型的中小型植物，在高山地区常成群出现。

地理分布：主要分布于亚热带高山至温带地区。

种数：全世界有 15 属约 570 种，台湾有 6 属 91 种。

南海鳞毛蕨常见生长在中、低海拔山区的林缘边坡上，其幼叶略带红晕。

“上先型”与“下先型”

具有五角形叶片的鳞毛蕨亚科植物基本上可以依羽片最基部小羽片（或裂片或主侧脉）的生长方向分成两大群，朝上者称为“上先型”，朝下者称为“下先型”。如果在野外看到此类的鳞毛蕨亚科植物，上先型者为复叶耳蕨属，下先型即鳞毛蕨属，屡试不爽。不过，不论是上先或下先型的鳞毛蕨亚科植物，其最下一对羽片的结构都是上先型，所以要从倒数第二对以上开始判断，这也是鳞毛蕨亚科在结构变化上吸引人之处。

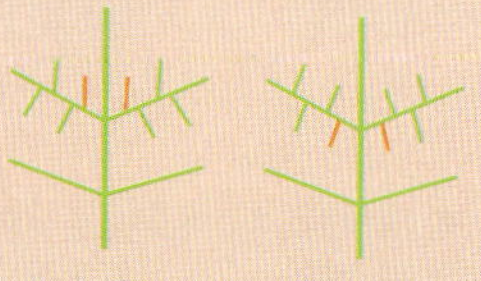

鳞毛蕨科 Dryopteridaceae

三叉蕨亚科 Tectarioideae

三叉蕨亚科具有前述鳞毛蕨科的共同特征（见第164页），但其叶表的叶轴与羽轴不但无沟且向上隆起，并密被多细胞双节棍状的软毛。此外，因有不少三叉蕨亚科的蕨类其顶羽片明显呈三叉状，所以才会有如此具象的亚科名称。

观察蛇脉三叉蕨

蛇脉三叉蕨是典型常见的三叉蕨亚科蕨类，生长在亚热带成熟林的溪谷边坡，在低海拔潮湿地区林下数量颇多。它具有明显的三叉型顶羽片，且羽片的主侧脉还如蛇蠕行一般弯来弯去，呼应其名称显得十分传神。除了以上特点外，它的主侧脉两边各有一排大型的孢子囊群，所以两个主侧脉之间即有两排孢子囊群，这也是它主要的辨识特征。

蛇脉三叉蕨常长在潮湿、多腐殖质的溪谷地区边坡。

三叉蕨亚科档案

外观特征： 叶子多深绿色，质薄，干后呈深橄榄褐色。叶表羽轴无沟，可见多细胞毛。孢子囊群圆形，位于脉上，孢膜圆肾形。多数种类其叶脉为网状，有的甚至网眼内尚可见游离小脉。

生长习性： 皆为地生型，偏好岩石较多的林下环境。

地理分布： 广泛分布热带地区。

种数： 全世界有 14 属约 420 种。

基部羽片具柄，其基部朝下小羽片特别大，叶形倾向五角状卵形或披针形。

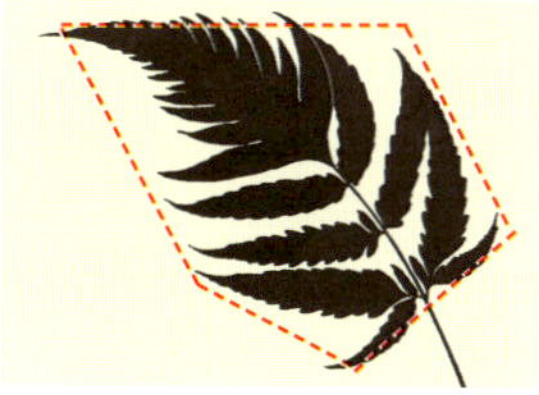

叶轴与叶柄呈不发亮的褐色，叶柄基部颜色较深。

根茎短而斜上生长，叶丛生。

一至二回羽状复叶，羽片边缘呈锯齿状分裂。

具有一回羽状深裂的三叉状顶羽片。

演化舞台

网状脉中有游离小脉的蕨类

在三叉蕨亚科的三叉蕨属植物中有些种类的叶脉为网状，而且网眼内尚有游离小脉。此特征非常类似高等植物的脉型，因此可说是蕨类植物中进化程度较高的特征之一。

有趣的是，全世界的蕨类中，网眼中有游离小脉的脉型主要是出现在水龙骨科和三叉蕨亚科，以及分别与二者亲缘关系较近的双扇蕨科、燕尾蕨科，以及实蕨科实蕨属、鳞毛蕨亚科的贯众蕨属。但从演化的趋势来看，水龙骨科主要朝向潮湿森林高位附生的方向，而三叉蕨亚科则是占据林下较多岩石的环境。也就是说，虽然二者亲缘关系不相近，而且生长环境也非常不同，但却同时演化出相同的脉型。这也是趋同演化在蕨类当中可以观察到的另一个例证。

蹄盖蕨科

Woodsiaceae

蹄盖蕨科的族群庞大，外观的变异也很复杂，有些种类甚至尚未被命名。但整体而言，蹄盖蕨科主要是由蹄盖蕨和双盖蕨这两群组成，它们的成员都具有长形、长在脉上的孢子囊群，孢膜都有固定的形状，而叶表主轴也都具有沟槽且相通。然而双盖蕨类分布在较低海拔地区，蹄盖蕨类则几乎全在中、高海拔地区。

观察菜蕨

许多人心目中蕨菜的代表——“过猫”，其实就是蹄盖蕨科双盖蕨类中的一员。它正式的名称为菜蕨，是低海拔平野地区常见的蕨类，植株高度可达1m左右，通常生长在田边、沟渠边、河岸等开阔的湿地环境，人们所食用的部分是它鲜嫩的幼叶。菜蕨具有蹄盖蕨科的各项典型特征，以及双盖蕨类独特的背靠背双盖形孢膜，而它的小毛蕨脉型则是相当重要的特征。

典型的叶片为二回羽状复叶，倾向肉质状。但幼株的叶片为一回羽状复叶。

叶表的叶轴和羽轴上有沟且相通。

茎短而直立，也偶见突出地表约30cm高的挺空直立茎。

蹄盖蕨科档案

外观特征：叶柄基部具有膜质、不透明的鳞片，往上通常光滑无鳞片；其基部横切面可见两条维管束，向上愈合成“U”形。叶多为一回以上的羽状复叶，大部分叶轴倾向肉质状，略带紫红色。叶表的叶轴与羽轴通常具深纵沟，且互通。叶脉游离，少有网状脉或小毛蕨脉型。孢子囊群多为长形，长在脉上，大多具孢膜，主要有背靠背双盖形、“J”形或马蹄形、香肠形与长线形4种。

生长习性：以林下的地生型最多，也偶见于岩缝中，大多成丛生长。

地理分布：广泛分布世界各地，尤以热带、亚热带与暖温带的山地潮湿林下最多。

种数：全世界约有15属680种。

孢子囊群长条形，孢膜为背靠背、开口各自朝外的双盖形。

具有小毛蕨脉型（见第147页）。

菜蕨生长在水边湿地，极耐水淹，农民常将其栽种于沟渠边，采其嫩叶作为蔬菜。

识别锦囊

形形色色孢膜大集合

虽然蹄盖蕨科全科形态的变异极大，孢膜的外形也是所有蕨类中变化最多的，但其中最大的一群却都具有偏向长形的孢膜，依外形特色则又可细分成香肠形、马蹄形、“J”形或长线形，以及前面提到菜蕨的背靠背双盖形等。此外，也有少数种类其孢膜较偏圆形，甚至也有无孢膜或具有由叶缘反卷的假孢膜者。

蹄盖蕨科常见的 4 种长形孢膜。

蕨类与人

潜力十足的台风菜——菜蕨

菜蕨是少数被当做一般蔬菜种植的蕨类植物。它是台湾的原生种，原本即生长在平原沼泽湿地的环境，对环境变化的适应度很高，短时间浸水对它的生存都不致造成威胁。由于天生不怕水淹，也不需要终年浸水，在宜兰常可以看到水渠两岸种植着大片的菜蕨，因为宜兰是个水乡，正适合这种植物的生长。

台湾夏季常受台风水灾之苦，每次灾后，菜市场上都只剩不怕浸水的空心菜。其实菜蕨也是很好的“台风菜”，如果能加以推广，未来台风过后，人们在餐桌上就不会只有空心菜一种选择了。

苹科

Marsileaceae

望文生义，田字草的叶形就像是个田字。全世界的蕨类只有本科具有这种叶形，要辨识它可说轻而易举。唯一要注意的是，有人可能会将它和突变具有4片小叶的酢浆草相混淆，其实它们的小叶不但外形略有不同，脉型也差异极大，仔细对照它们的叶片，还真是“神相似貌不同”呢！

●酢浆草的叶片是由3片小叶所构成，小叶顶端明显凹入。

观察田字草

田字草是着土型的水生植物，它的根与茎必须长在烂泥巴里。旱季时，茎、叶完全接触空气，淹水时偶尔挺出水面或沉在水中，但在一般正常淹水的状况，其叶片是浮在水面上的。它的孢子囊果只出现在枯水期，而在紧接而至的淹水期，即开裂释放孢子，并借水流传播出去。过去田字草是低海拔水田中常见的植物，往往成片蔓生，可惜今天已逐渐稀少，不太容易看到了。

叶片由4片小叶构成，呈田字形排列，裂片全缘或呈撕裂状。

叶柄长，与叶片的平面垂直。

幼叶卷旋状。

苹科档案

外观特征： 根茎长匍匐状且二叉分枝。叶丝状或叶柄顶端具有2~4片小叶，后者呈十字深裂的田字形。幼叶旋卷状。孢子囊果长在叶柄基部与根茎交接处附近，表皮既厚又硬。

生长习性： 着土型的湿生或水生植物，常见其叶片漂浮水面。

地理分布： 主要分布于澳大利亚、太平洋岛屿、非洲南部、南美、中国等地的低海拔水田及其四周。

种数： 全世界有3属53~75种。

生态视窗

田字草与水田的关系

田字草在长期的演化过程中，已极为适应水田的环境。在收割稻子前，农民会把水田的水放掉，水田变干之后，田字草就开始长出孢子囊果，到了下一个耕作季节，水再被引入田中，田字草的孢子囊果遇水而涨裂，里面的孢子就散播出来，借水流进行繁衍。在满水位时，田字草的叶柄长度会随着水位上升而加长，将叶片平贴水面有效地进行光合作用。就好像瘤足蕨与桧木林的关系一般，田字草与水田的关系也是密不可分。

●枯水期才出现的孢子囊果，长在叶柄基部，表皮既厚又硬。

●田字草是过去农田常见的杂草，不过现今由于除草剂的使用，已变得不太容易看见了。

槐叶苹科

Salviniaceae

槐叶苹科属于漂浮型的水生蕨类，乍看和普通常见的浮萍有点像，只是体型较大，且浮水的叶片表面上布满排列整齐的毛状突起。过去在低海拔水域四处可见，是田野沼泽湿地的标志性植物之一，甚至在校园的水沟就可以看到。但现在的水域环境多遭污染或开发利用，使其已成为稀有植物。

观察槐叶苹

野生种的槐叶苹喜欢生长在未受污染的水域，浮水的叶子约有 1cm 长。表面上看来，它的叶子似乎是两两对生，其实在每对浮水叶下面还有一撮根状物，这是它的沉水叶。我们如何知道它是叶子而不是根呢？仔细观察，像根状物的基部着生圆圆的、成串的孢子囊果，而如我们所知，蕨类的孢子囊一定是长在叶腋或叶背，不会长在根上。因此，槐叶苹是三叶轮生，其中一片沉水的叶子变成根状，它没有真正的根。

槐叶苹科档案

外观特征：无根。茎细长，每节长出 3 片叶子，2 片浮水，1 片沉水叶呈须根状。浮水叶表面平整或具突起，其上有毛，毛的排列方式与位置是区分种类的特征。孢子囊果群生于沉水叶基部。

生长习性：漂浮水面的小型水生植物，喜欢生长在富含有机质的水域。

地理分布：分布于热带、亚热带地区的水域。

种数：全世界有 1 属 10 种。

●属于浮水植物的槐叶苹，在水面上可见其两两对生的叶子排成一排。由于常以分裂的方式繁殖，因此它们往往成群出现。

蕨类与人

漂洋来台的人厌槐叶苹

多年前水族箱观赏鱼的养殖业者因应用水生植物造景的需求，从国外引进一种南美洲的槐叶苹。这种蕨类植物靠近观赏时，会有一种很奇怪的味道，所以它的名字叫作人厌槐叶苹。

如果用放大镜注意观察，它的浮水叶上每一组突起的毛长相跟野生种不一样：槐叶苹是 4 根呈指状分开向上生长，且有点向外弯；而人厌槐叶苹则是 4 根向内弯且顶端靠在一起，其基部具有长共同板，整个外形似打蛋器，且毛较长较多，所以看起来每片叶的叶表面都是毛茸茸的。它除了生长速度很快以外，也非常容易繁殖，只要植株一分裂，各部分都可发育出一个完整的个体。

与布袋莲一样，由于人为的因素，目前在热带、亚热带的水域都可见其踪迹，有些地区甚至已成为数量极为庞大的杂草，危害水道及水库。

●外来种的人厌槐叶苹叶子较大，叶两侧边缘常会向上卷曲，叶表也较有毛茸茸的感觉。

满江红科

Azollaceae

在公园的水池、郊外的水潭或是较少施放农药的水田中，常会看到各式各样的浮萍。其中有一群形似鱼鳞，冬天时颜色还会转红，显得很特别，它们是全世界最小的蕨类，却具有相当豪气的科名——满江红。

观察满江红

满江红的叶子很小，植株呈三角形或长椭圆形，宽不超过1cm。它是漂浮型的水生植物，因为叶片中含多种色素，秋冬温度降低时，叶绿素被破坏，叶子就会变红；加上它一旦蔓生起来，往往布满整个水面，所以“满江红”这个意象鲜明的名字就此应运而生。

孢子囊果长在叶子下方。

满江红科档案

外观特征：叶小型，二列互生，每片叶裂成上下两瓣，上裂片浮水，内有空腔；下裂片沉水，膜质。孢子囊果长在分枝最基部的叶子下方，由下裂片进化而形成，单性，成对生长，雌孢子囊果较小。根细长不分叉。

生长习性：漂浮性水生植物。

地理分布：广泛分布于美洲，非洲、东亚、澳大利亚亦见其踪迹，在欧洲则为外来引入种。

种数：全世界有1属6种。

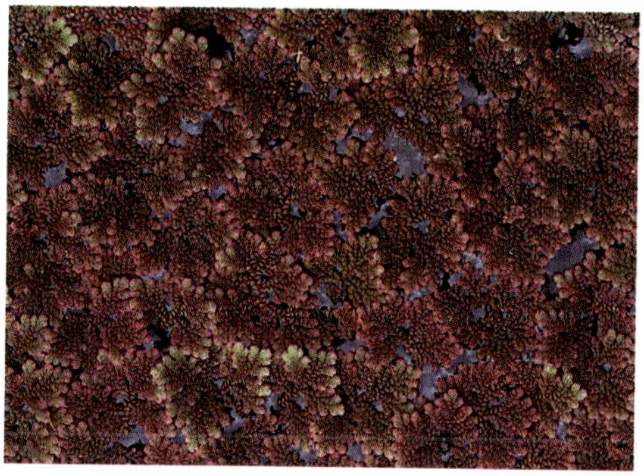

由于满江红是以分裂的方式进行繁殖，故常见其成群出现。秋冬之际，在较冷凉地区，其颜色会转红。

叶小型，表面有许多细毛，可防止水滴的停留，在水面上沿着纤细的茎左右两侧互生，排列紧密。

叶子分裂成上下两片，上裂片浮水，可行光合作用，内有开口朝下的大空腔；下裂片沉水，膜质，不具叶绿素。

根很直，沉于水中，单一不分叉。

蕨类与人

固氮增肥的绿肥植物

满江红科是众所周知的一群绿肥植物，农民都喜欢在水田里同时放养一些满江红。满江红的叶子上裂片的空腔内会有蓝绿藻共生，蓝绿藻可以把空气中游离的氮素固定下来，对肥沃土质很有帮助。

中国的农民有使用有机肥料的传统，他们常放任满江红在田里生长，一段时间后就翻整土壤将它埋起来，如此土质中就含有氮，整个田地会变得肥沃一点。而近几年因使用过多的化学肥料，许多土地已习惯于仰赖重肥，虽然曾经有一度想广植满江红，以减少对化学肥料的依赖，但实在沉疴太深，且满江红所能提供的可利用氮肥实远不及化学肥料，所以一时之间，满江红似乎也很难发挥作用。

如何实地认识蕨类

刚开始认识蕨类时，不妨先从居家附近较自然的环境展开观察。一般而言，蕨类植物的辨识重点主要是它长在叶背、具有各种变化的孢子囊群。因此，观察蕨类的第一步就是先找到具有典型孢子囊群特征的叶子。

所谓典型的蕨叶，是指这片叶子要能清楚显示是否具有孢膜，以及孢膜的形态和生长位置；如果已经确定没有孢膜，就要确定能看出孢子囊群是什么样子，孢子囊群长在什么位置。

生长在野地的蕨类，有时我们只能看到孢子囊已经开裂的叶子，这时候就很难确定它是否具有孢膜，也无法判断它是属于哪一个分类群了。所以初学者常碰到一种情形，即观察了许多的蕨类，却没有一株可以确认。

因此，这里要建议初学者，每次到野外与其走马看花、漫天撒网，不如确确实实、仔仔细细针对两三种蕨类进行观察，并加以判断与确认。其实，寻找典型蕨叶的过程也是一种观察力的训练，对于往后的辨识工作将有很大的帮助。

如何做观察记录

观察蕨类时，如果能够配合做记录，对于入门者应该很有帮助。笔记本、笔是必要的，而一个十倍的放大镜将使观察更加便利。如果再加上摄影器材的辅助，记录资料将更具参考价值。

笔记本上可以记录时间、地点、同伴、天候、环境、路线、地标等基本资料，另外，在记录蕨类的外观特征时，不妨也试着将其描绘下来，并加上注记，甚至写下自己的感想。其实，一些乍看之下与蕨类无甚相关的记载，很可能对下次重回旧地都大有帮助。久而久之，所累积的资料，不仅是可供回味的赏蕨手记，更是最适合自己继续搜寻研究蕨类的辅助参考书。

【文字记录】

记录时，蕨类的重要特征可根据本书中所提示的分科重点选择性记载，例如小叶类着重记载小叶在茎上的排列方式，小叶的形状，有无孢子囊穗及其形状等；水生的蕨类则要观察其习性及叶的特征；陆生的蕨类叶子当然是最大的重点，包括叶

如何采集蕨类

欣赏蕨类其实并不一定需要采集标本，只要自己的赏蕨手册记录得够仔细，在相似的环境下赏蕨，手册上的资料即可勾引起足够的回忆。只是详细地记录观察资料需要花费较多的时间，当进行较远程的赏蕨之旅时，短时间内，赏蕨者如果想要记录较多的种类，合理地采集标本可以是取代绘图与重点记录的一个较简便的方法。

【工具】

枝剪、封口塑胶袋、具吸水性的笔记本。

【采集要点】

●采集时尽量不要用手直接攀折，因为这样可能对植株造成伤害。

●最好能随身携带一只封口塑胶袋，由于袋内能保持湿气，置于其中的蕨叶通常能维持新鲜状态 3~5 天；或者随身携带一本纸张具吸水性的笔记本，可以随时将采得的标本夹在笔记本中。

的分裂程度，叶缘、小羽片或末裂片的形状，孢子囊群的着生位置，有无孢膜，以及脉的分支及结合情况等等。

【绘图及摄影记录】

有些特征较不容易用文字表达，除了动笔画下来外，也可以选择摄影的方式记录。不过后者因为常须用到三脚架，比较费时，通常是在长时间定点观察时采用。

摄影最基本的要求就是主题要清楚，因应不同的需求情况，所携带的摄影工具会有所不同。如果要记录观察地点的生态环境、植株的生活场景，甚至较大型蕨类的个体或局部，一般的数码相机、手机即可派上用场。但如果重点是小羽片或裂片上的孢子囊群，则就须使用单反相机加上近距镜头；有三脚架更好，因为近距离拍摄时，手的震动或是微风都会影响拍摄效果，尤其大部分蕨类是生活在较暗的环境，曝光时间都比较长，轻微的震动就会使画面模糊。目前野外生态摄影蔚然成风，介绍生态摄影的书籍日益增多，一些民间组织也时有开展相关的活动。

摄影可以获得永恒的影像，而且是一种不会伤害到植物体，却又能忠于原色的方式，多从几个不同的角度拍摄，将使查证确认的工作更容易。

●用枝剪剪下一小段蕨类，装入封口塑胶袋或置入笔记本中，并记录相关资料。

●确实有采集标本的需求时，建议只采一片小羽片或数片末裂片即可，因为采集蕨叶的一小部分对于一棵蕨类的伤害最小，而且，其实许多蕨类的叶片很大，并不方便整个制作成标本。

千万不要整株拔起，因为拔起一棵蕨类，就好比挖掉一棵树一般；当族群数量少时（仅一小群，数量在两三株以下），则严禁采集，尽可能以拍照取代。

如何制作蕨类标本

采下来的蕨叶或羽片必须先干燥，才能长时间保存和多次利用。干燥手续的原则是：要压平且快速脱去水分，脱水速度越快，越能保持原有的色彩。若是不能马上脱水、干燥，就须先放在封口袋中，避免因水分散失而使标本变形。大部分蕨类植物的叶子为草质，很容易失水，而放封口袋也非长久之计，因为时间久了就会发霉、腐烂。因此，若没有办法制成标本，就应避免将它们采下来，植物也是生命，不应任意糟蹋。

【工具】

旧报纸或吸水性较强的任何纸张、旧电话簿、白纸，美工胶带，医疗用胶带或胶水。

【业余标本制作步骤】

①将野外带回来的新鲜标本整理好，摊放在旧电话簿内，或夹在旧报纸等任何吸水性较强的纸张中，每隔数份再插入一张瓦楞纸板，增加通风机会。最后用书籍或石头等重物压住。

②将整叠压好的标本放在干燥的地方，甚至也可以摆在除湿机旁使其干燥，约数天至一星期后，即成可以永久存放的干燥标本了。

③取出干燥后的标本，用不会伤到标本和纸张的美工胶带、医疗用胶带或一般胶水，将标本固定在白纸上或笔记本上。

④参考野外的采集观察记录，将与其有关的各种资料写在旁边，例如时间、地点、生态环境、采集者、形态特征、科名、种名等。也可写下观察鉴定时的疑问，最后甚至可将标本加以护背，以求保存更久。

爱它不一定要拥有它

蕨迷们在欣赏蕨类的过程中，难免会希望在家里拥有喜欢的蕨类植物。然而大部分的蕨类其实必须生活在空气湿度极高的地方，与一般居家环境需要干爽大不相同，尤其是在有空调设备的房间里，蕨类更是不容易存活。所以喜欢蕨类、对待蕨类最好的方式，应是让它们留在自然的环境里，才能永续生存。

从野外采集整株的蕨类植物，这是比较资深的蕨迷才能做的事情，因为蕨迷们必须知道采集地该种的族群分布状况，以及可以迁移的个体数量；也必须知道在何种环境下的个体可以移植，以及该移至何处，在何种处置之下加以照顾，植株才容易存活，这种评估的能力很难一蹴可及，需要时间慢慢培养。因此新进的蕨迷千万不可躁急，以免不小心破坏了生态环境却不自知。

世界各地都有蕨迷，因此由同一地区的蕨迷组成、具备联谊交流性质的蕨类俱乐部便应运而生。建议想要养植蕨类的蕨迷不妨先加入当地的蕨类俱乐部，一方面学习采集的规范，另一方面也可从中习得培育蕨类的技术。在欧、美、日等地区的蕨类俱乐部，大都已发展出培植蕨类比较制度化的技术，例如如何用分叉的横走茎分割繁殖，如何用不定芽繁殖等，更先进者甚至可用孢子繁殖。跟着有经验的前辈的脚步走，可说是由入门到进阶最安全的方法。

【后记】

郭城孟

和蕨类结下不解之缘已经数十寒暑，当初想要研究蕨类的动机其实相当单纯，那时的资料十分匮乏，只有开花植物比较容易找到相关的书看，蕨类几乎可以说是一片空白，于是一头栽进蕨类世界，也种下了日后撰写此书的动机。书中的图片大多是近20年来野外工作所得，当然也有上世纪70年代略为泛黄的照片，经过前后二三十年的酝酿，今天终于得以将这些年来原本只在上课时才使用的图片，整理出来与大家分享。

台湾由于位于第四纪冰河时期全世界最大生物避难所的范围内，所以拥有一些古老血缘的蕨类；加上台湾具有因地理位置与年轻地质史而产生的高耸多变、分化细致的生态环境，所以更涵盖了热带至寒带以及特有的蕨类植物种类，这些种类也各自演化出各种不同的生存本领，以适应生长在不同的生态环境。因此，全世界各大类的蕨类植物，台湾几乎都可以看到；而蕨类适应环境所发展出来的各种生长方式，台湾也几乎是无所不包，这些特点都是台湾蕨类吸引人之处。而且，台湾蕨类的丰富性是全世界排名最高的地区之一，除了种数之外，许多种类的数量也相当可观。因此，蕨类可说是台湾地理景观不可或缺的一部分，这样多样化的蕨类植物，让台湾成为研究和欣赏蕨类的天堂。

为了让读者更进一步了解这些无所不在的蕨类，本书主要从蕨类演化与生态的角度进行撰写的。地球上的植被，从数亿年前的蕨类森林，经过裸子植物森林时期，至开花植物成为森林的主角，每一个阶段蕨类都需要适应及转变，有些类群消失了，有些类群形态特征转变了，有些则是因应森林的改变而演化出迥异于以往的新类群。演化的路径是本书介绍蕨类各科先后顺序的主要依据，而各种蕨类的适应与生存机制，则为本书的演化枝干增添绿叶，期盼不仅可将蕨类的来龙去脉作一较有系统的介绍，也希望能让读者对蕨类如何适应生态环境有更深一层的认识。种类介绍方面，因受限于篇幅，仅选择常见与造型特殊的以飨读者。

本书的出版首先要感谢远流出版公司一年多来倾全力配合，因为个人主要精力在研究、教学，再加上无止尽的会议或行政上的种种琐事，真正能投在文稿的时间相当有限，而这有限的时间又经常受到严重切割，以致让编辑群备受时间压力的煎熬。此外，也非常感谢摄影师陈家庆及自然步道协会吕碧凤提供了他们的照片，使得本书增色不少。

最后，感谢蕨类研究室历年来的研究生及助理：翁茂伦、陈应钦、钟国芳、张和明、徐德生、王力平、吴维修、李大翔、苏声欣、杨凯云、陈奂宇、刘以诚、高美芳等人，帮忙拍摄照片和记录授课内容，为本书的诞生起了催化的作用。

【图片来源】（数字为页码）

● 16、17、50、51、76、77、92、93 / 唐亚阳设计、陈春惠制作

● 全书照片 / 蕨类研究室、陈家庆、吕碧凤提供

● 全书手绘图（除特别注记外）/ 黄昆谋绘

● 64 / 刘镇豪绘，引自《北部海滨之旅》（远流）

● 20、21、30下中图、32、46、47、62、63、113右上小图、141下小图、165右下小图 / 陈春惠制作

● 22 / 底图黄昆谋绘，陈春惠电脑上色制作

【作者简介】

郭城孟

台湾台北市人，瑞士苏黎世大学系统植物学研究所博士，现任台湾大学植物标本馆馆长。从小学开始就与自然结下不解之缘，大学时迷上蕨类，学士、硕士、博士论文皆与蕨类有关，登高山是为了蕨类，出国求学也是为了蕨类，外出旅游更常为了蕨类而驻足。从研究蕨类到欣赏蕨类，也通过生长在自然环境中的蕨类，领悟一些自然的道理。平时喜欢收集与蕨类有关的事物，从古董店的蕨类绘画，到印有蕨类图样的杯、盘、刀、叉或布料、服饰等，当然最大宗的收藏还是世界各地的蕨类文献资料。学术领域主要研究的方向为植物地理及植群生态，多年来更致力于自然资源可持续利用的推广，期望经由生态旅游、生态农村、环境教育、生态工程等途径，合理利用自然资源，将保护与发展的冲突降至最低。

《自然野趣大观察》

这套书，是了解自然文化的最佳起点。

我国自然资源既丰富多样，又独具一格。

深入这座“宝山”，如果没有掌握适当的诀窍，难免要空手而返。

《自然野趣大观察》试图为各种知识找出“入门”的方法，

包含简明易懂的检索、生动有趣的图解、

详尽完整的说明，加上现场观察的秘诀，以及

推荐实地探访的最佳路线……

深入浅出的，开门见山，登堂入室。

只要随身携带《自然野趣大观察》，

人人都能成为“身怀绝技”的观察家。

第一本自然人文昆虫生态百科

自然野趣大观察·昆虫（超值版）

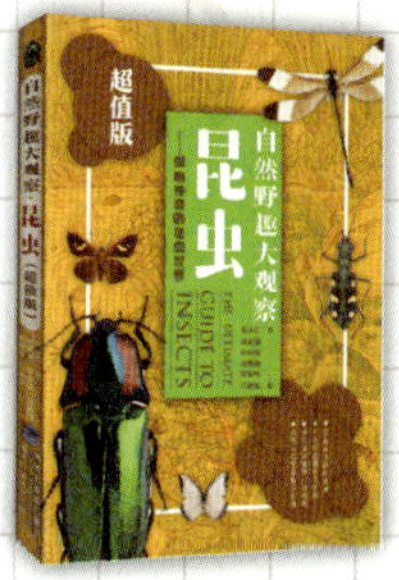

▶ 蜘蛛是昆虫吗？从解答这样的问题开始，一步步全面探索多姿多彩的昆虫世界。以简单有趣的方法迅速辨认41类常见昆虫，接着传授与昆虫相遇的基本方法，并讲述现场观察昆虫的要诀，然后提供采集、饲养、制作标本与做观察记录的方法步骤……循序渐进，让你在最短的时间内，由“虫盲”升级为“虫痴”！

第一本野外探寻蕨类的图解指南

自然野趣大观察·蕨类（超值版）

▶ 本书从辨识蕨类的特征开始，带领大家一步步揭开蕨类朦胧的面纱。认识篇全面透视蕨类，相遇篇让你轻松遇见蕨类，观察篇一次传授34科代表性蕨类的辨识要诀，附录则提供采集、记录与制作标本的原则与方法。

第一本开创新视野的鱼类经典百科

自然野趣大观察·鱼类（超值版）

▶ 本书的认识篇溯古通今，全面透视鱼类；环境篇介绍鱼类的栖息地及其分布情况，带你认识鱼类的家；观察篇传授56科鱼类的辨识要诀，并探讨鱼类演化的秘密与有趣的生态现象；附录则提供在鱼市场、水族馆或下海潜水等时候的鱼类观察行动指南！

第一本全面透视野菇的观赏秘籍

自然野趣大观察·野菇（超值版）

▶ 本书从辨识野菇的特征开始，逐步带领大家进入广大而有趣的野菇世界。认识篇逐一解开谜团；观察篇传授野菇辨识要诀和有趣的野菇真相；相遇篇让你轻松寻得野菇；附录则提供野菇观察、记录和采集的方法以及毒菇的辨识方法。期待爱菇的你能借此真正进入野菇的世界！

著作权合同登记号：图字 13-2015-036

图书在版编目（CIP）数据

自然野趣大观察：超值版．蕨类 / 郭城孟著；黄崑谋绘．— 福州：福建科学技术出版社，2016.7（2019.4 重印）
ISBN 978-7-5335-5077-6

Ⅰ．①自… Ⅱ．①郭… ②黄… Ⅲ．①自然科学－普及读物②蕨类植物－普及读物 Ⅳ．① N49 ② Q949.36-49

中国版本图书馆 CIP 数据核字（2016）第 135377 号

书　　名　自然野趣大观察·蕨类（超值版）
著　　者　郭城孟
绘　　者　黄崑谋
出版发行　海峡出版发行集团
　　　　　福建科学技术出版社
社　　址　福州市东水路 76 号（邮编 350001）
网　　址　www.fjstp.com
经　　销　福建新华发行（集团）有限责任公司
印　　刷　天津画中画印刷有限公司
开　　本　700 毫米 ×1000 毫米　1/16
印　　张　11.5
图　　文　184 码
版　　次　2016 年 7 月第 1 版
印　　次　2019 年 4 月第 3 次印刷
书　　号　ISBN 978-7-5335-5077-6
定　　价　45.00 元